你努力合群的样子，真的好孤独

你不必讨好这个世界而辜负了自己

王浩帆 / 著

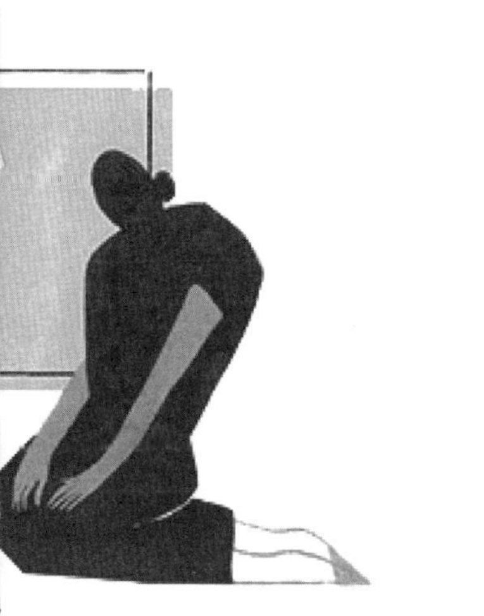

图书在版编目（CIP）数据

你努力合群的样子，真的好孤独 / 王浩帆著 . -- 北京：台海出版社，2019.6
ISBN 978-7-5168-2331-6

Ⅰ . ①你… Ⅱ . ①王… Ⅲ . ①成功心理—通俗读物
Ⅳ . ① B848.4-49

中国版本图书馆 CIP 数据核字（2019）第 070779 号

你努力合群的样子，真的好孤独

著　　者：王浩帆

责任编辑：王慧敏　贾风华　　　　装帧设计：仙境
责任印制：蔡　旭

出版发行：台海出版社
地　　址：北京市东城区景山东街 20 号　邮政编码：100009
电　　话：010 — 64041652（发行，邮购）
传　　真：010 — 84045799（总编室）
网　　址：www.taimeng.org.cn/thcbs/default.htm
E － mail：thcbs@126.com

经　　销：全国各地新华书店
印　　刷：三河市文通印刷包装有限公司
本书如有破损、缺页、装订错误，请与本社联系调换

开　　本：880 毫米 ×1230 毫米　1/32
字　　数：188 千字　　　　印　　张：8.25
版　　次：2019 年 10 月第 1 版　　印　　次：2019 年 10 月第 1 次印刷
书　　号：ISBN 978-7-5168-2331-6

定　　价：45.00 元

自 序

年轻时，我们都一样

抬头，那张部队退伍的照片就在眼前。17 岁，我踏上了一条坎坷之路，成了一名军人，也成了一个写书的人。头顶着受人仰慕的光环，可只有我自己清楚，那不是光环，而是压力。还记得 18 岁时的一个中午，我接过一本封面印有我笔名的书，甚是激动，心情爽朗，如沐春风。

现在看来，你咬着牙坚持做一件事，常常老天不会让你舒服地达成目的，甚至半路上就让你失败。当然，所有人都不会墨守成规地做一件事，总要有所突破，有所改变。

我记得 19 岁那年，对未来焦躁不安，感觉未来就是白茫茫的一片没有任何希望，原来一个爱笑的孩子突然变得闷闷不乐，在别人看来像是谁惹怒了他，可只有我自己清楚那是心事重重的样子。后来有位书法家送我两个字“笃定”，他希望我内心从容，别胡思乱想。后来，我成了他们期待的模样，顶着清秀的一张脸，看似柔弱，可娇小的身材下藏着满满的能量。

从开始到现在，我并不清楚自己怎么成了一个写书的人，或许因为比赛，也或许这就是冥冥之中注定的。从 2016 年开始，我被人评为“超幸运”的作家，原因是谢娜老师的点赞，自此我受到了许多人的关注。其实在此之前，我已是抑郁症患者，常常把自己憋在屋里搞创作，基本上是写了删，删了写，对自己始终不满意，我怀疑自己的能力，也羡慕那些一举成名的人。直到谢娜老师的鼓励，让我清楚地知道，原来我在别人眼里也是个有用的人。

我写过歌，会画画，能做的事有许多，但真实的我一点都不自信，我和朋友们讲过，世界太大，我太渺小，我做什么都不行。但别人却用带有羡慕的眼神告诉我，你的能力很强，也只有你自己不清楚，一直贬低着自己。

作为 1996 年出生的男生，我没有周围男人那样的热血，没有他们会玩，像我这种孤僻患者，只喜欢做自己愿意做的事，倒是也就此变得优秀起来，正和书名相应，我想这本书就是为我量身定制的吧!

接到这本书的邀请时，我忐忑不安又欣喜若狂，我很担心文字不被人认可，但我又想要展示自己，不想让自己只待在王浩帆的微博下，写着没有多少人去关注的文字。

写到这里，其实我很想说：野心谁都有，但野心要适合自己的现状。

在没有受到关注前，我很落魄。你大概不知道五块钱分为几天用是什么概念，你可能也不知道一块钱是多么重要，那时候的我就那个样，委屈、艰苦地过着日子，我不愿告诉别人，因为都是自找的没必要喊冤。那时候的我每天都在想，活着真累！但我熬过了最艰难的日子，走过了一条常人无法想象的路，也成就了现在的自己。

无论成长路上发生什么，该面对还需去面对，一筹莫展也解决不了问题。每个人活着肯定都会有狼狈不堪或潇洒畅快的时候，但悲观的事用乐观的心态去应对，或许每个人的世界都会出现不一样的变化。

22岁，也许是个刚刚好的年纪，在刚刚好的时间，因为刚刚好的文字我们刚好遇见。当你翻开这本书时，里面的每一篇文字都已包含我内心的感情。我也和你一样，曾经迷茫过，曾经犯过错，也在社会里闯荡过，所以我把年轻人时下最烦恼的问题统统写了下来，希望文字陪你走过这一段令人煎熬的路。

我没有能力改变你的现状，你也别问我“如何成为优秀的人”，“如何避免你书中的问题”，其实我真的不知如何解答，因为迷茫不安是这个年龄段中该有的问题，除非你不在乎未来。

多少人喜欢做白日梦，内心有着各式各样的想法，但却身在错中不知错。也许成长中，就要有一段话或者一本书惊醒你的美梦。

书中的十几万字，算是对自己或别人遇到的烦心事做出的总结，毕竟大家在彷徨的年纪活得那么相似。这本书不会教你如何逆袭人生，但会剖析部分人生路上的迷茫，或许你在书中会发现另一个如你般的人，合上书也会回忆起自己曾经迷茫的样子而会心一笑。如果你在文中欣喜地遇到另一个自己，那就好好看看自己真实的样子，毕竟不是每个人都能真正认识自己。

我希望你们喜欢这本书，也希望你们能够喜欢我，因为我的文字需要你们懂。你们来了，我的世界就美了。

王浩帆

目录 • Contents

第一章
我们都曾在迷茫中失去方向

第二章

别等到失去后才觉得可惜

第三章

年轻时，别把世界看错了

第四章

世界这么乱，脆弱给谁看

第五章

你努力合群的样子，真的好孤独

第六章

走自己的路，不要东张西望

第一章

我们都曾在迷茫中失去方向

努力合群的你，真的好让人心疼

即便孤独，也要活出自己喜欢的样子。

1

前几天有个朋友向我诉苦，是关于合群的问题。

他说自己刚回国找了新工作，全心全意地对待同事，却受到冷眼相待。似乎那群人根本不接纳他，而且还时常将他当傻子一样愚弄。

我突然有些意外，堂堂留学生在工作中还能受到排挤？

后来我在再三询问下才了解，原来他刚到新公司，踌躇满志地想要干出一番成就，经常起早贪黑，甚至连周末都要去见客户，有了点成绩，旁人就开始说三道四，说他“高冷”瞧不起人。

在一次同事聚会的时候，他因为要陪客户就没去，第二天就被人说成戴着留学高帽看不起人。当时他就觉得非常委屈，不过一群人不搭理他，也带给他许多空闲的时间，之前总有人会仗着老职工的身份为难他，将自己分内的事情分给他做，可是因为有些人拉帮结派反而解放了他。

由于工作成绩的突出，加上有着优异的背景，很快，他就登上了销售经理的宝座，之前排挤他的人反而又开始巴结起他。

为了庆祝升职，就邀请了同一个部门的人去吃饭，就餐结束又被嚷嚷着请客唱歌，可他又想起自己还要处理文档，便犹豫了一下。见他表情为难，那群人扫兴离开了。

唯独自己的经理留了下来，还告诉他，其实如果他有事情完全可以拒绝别人的请求，谁也不缺一个人陪伴，而我们也有自己想要做的事，若是当初整天荒唐地去和那群人一起放纵自己，说不定现在的地位还需要几年打拼才能拿下。

回家后他想了想也觉得是这个道理，我们的确不用迎合别人的想法，谁都有自己想做的事情。

虽然他还是在职场中被人“八卦”，但成绩却比他们高出好几倍，业务能力始终突飞猛进。

虽然身份有了，但他心中总是有所顾虑，觉得和同事没有太多的相处，显得自己不合群，这样对自己真的有好处吗？

我当时就问他，那你和这群人待在一起找到归属感了吗？

他摇了摇头又沉默了，我想若是他也经常出入娱乐场所，或者经常和同事坐在一起喝个小酒，那今日的地位真的不可能是他的。

所以，与其做着那些没有营养的事情，还不如看清方向做该做的事。

那么，不合群不和别人扎堆，这样对自己有好处吗？

我想很多人肯定会说，算了吧！有朋友才能办好事情，这辈子走到哪里都要有朋友帮忙。理是这个理，可惜朋友能帮你的仅仅是眼前的烦琐事情，你这辈子还是要依靠自己走。

也可能有人会说，不合群的这种想法是极度自私的，但在奋斗的路上就该有这种“自私”的行为，做着不适合的事情，身在不合适的圈子里，难受的还是我们。

孤独是人与生俱来的一种本性，开始是一个人出生，结束是一个人死亡。既然本身就孤独，何不去做些有意义的事情？与其随波逐流地平庸，还不如特立独行地孤身奋斗。

所谓的不合群，也只是为了活出自己想要的生活而已。

2

说起工作合群的事情，我又想起他留学的原因。

上学期间，他就是同学眼中特殊的人，往往和其他人不太一样，像是个异类一样的存在，别人玩游戏，他就是读书，别人去旅游，他还是读书，似乎陪伴他度过高中时光的就是看书和参加技能培训。

当时老师也找过他，说他不合群，若是长久如此，肯定会被人孤立的。但他还是屡教不改，偏偏做着他人眼中另类的人。

后来他成了为数不多能考上重点大学的人，并且还拿到了奖学金，然后选择了出国留学。

而那些合群的人，随波逐流地选择了工作并结了婚，虽然日子也很幸福，但名誉不如他，他简直就是人生赢家。

当初他要是没能忍住寂寞，和别人一样沉迷游戏，做着各种娱乐性的事情，也不会有留学的机会。

做任何事情，我们不仅要考虑到更大的可能性，也要赴汤蹈火地去完成。

之前上学期间，我也因为一些事而明白了这个道理。我是艺术系的学生，学艺术的男生没几个，所以几乎整日待在一起，无论去哪里都要一起。

有一次班长因为有作品要赶着去创作，他安排我们去图书馆等他，可等了许久都没看到人影。那时候我恍然大悟，原来我们浪费的时间能够做很多的事情。你一个人可能会创作出许多的作品，也可能会解决一些自己生活的小问题，而大型的集体活动偏偏占用了这些时间，你根本做不了想做的事，只能随他们去，随他们来。

所以，一个人要做大事，就必须守得住寂寞，经得起折磨，只有这样才能成就自己。

所谓的功成名就，其实就是要与众不同，无论做人还是做事，都与他人有所不同。

就像凡·高孤独一生，一辈子和创作结伴，最后成了著名的画家。就像诺贝尔孤独一生，却不忘用科学贡献社会，最后拥有了千秋功名。

丰功伟绩的光环背后，往往都是在寂寞的生活中和苦难做斗争。假如你今天喝几杯酒，明天去唱个歌，时间都用在无关紧要的事情上，那你还有多少精力做真正想做的事呢?

有时候孤独未必不是好事，腾出的时间恰好可以做一些有意义的事情。而随波逐流地合群，跟着什么人就会变成什么类型，跟不对群体瞬间就会平庸。

降低自身标准去合群，就是自讨苦吃地吞下慢性毒药。

3

一群人待在一起聊天，总有些性情奔放的人会说些低俗的内容，久而久之和他好的人也要强行讲些低俗内容，这种情况就是合群产生的负面影响。

虽然大部分人并不是那样低俗下流，但我们身边总会有几个负能量的圈子。

爱好音乐的会找到有共同话题的人，在一起讨论各种专业性的知识，还会不时将作品展示出来征求意见。爱好文学的会在文学创作群中展现自己，不断地碰撞才能产生文笔优美的作品。而有些人却进入有不良嗜好的群体，终究一事无成。

人要活得明白，就要清楚自己的所作所为，要有自己的抱负和思想。

我们不能因为别人的看法或者被尖酸刻薄的话讽刺了几句就轻易去融入某个圈子中。总有合适你的，也总有要危害你的，做任何事情都不能太冲动。和上进的人社交自己也会变得优秀，和堕落的人社交终会使自己变得落后。

对自己没有任何好处的低质量社交，迟早会把自己葬送在合群这条路上。

我们总会遇到来自天南海北，性格各异的人，我们不要为了合群而委曲求全，不要遇到沉迷不拔的人也学着萎靡不振，不要遇到没有追求打算的人就学着浑浑噩噩。

我们总有自己的大方向要去走，谁都有自己的事情，不要为了合群而将人生都变了轨道，我们活着是为了自己，而不是为了取悦别人。

所以，别总是将自己置身在合群这件事当中，有些时候迎合别人还不如多考虑一下自己。

4

在没有找到合适的圈子时，不要随意融入圈子。

我们常见到一个现象，原本站在同一起跑线的人，最后往往有的人会很出众，有的人却是碌碌无为。有些人想始终拿着低薪，整日糊弄着过日子；有些人有着更高的目标，而这类人也正是不合群的那类人。

事业不是通过吃吃喝喝和随意玩耍就能有所突破的，即便能通过一些特殊的方式上位，也会因为没有能力而受人嘲讽。与其被人讽刺，还不如提升自身能力，这样才能展现出自身价值。

在勒庞的《乌合之众》一书中就提到过：“人一到群体中，智商就严重降低，为了获得认同，个体愿意抛弃是非，用智商去换取那份让人备感安全的归属感。”

人和人交往本身就是互相同化的过程，往往相互之间还会彼此模仿，这样的合群终会让你被平庸同化，渐渐地脱离你想要的生活。

有些合群就像是穿着不合适的鞋子，走在路上总会意外崴脚。

所以，生命无限好，别把生命浪费到分文不值的事上。如果合群让你很痛苦了，请你放慢脚步去思考人生。

不是灯红酒绿的日子就是享受，也不是烧钱放纵的生活就是自由。

有些时候，宁可一个人待着，也不要尝试颓废，即便孤独，也要活出自己喜欢的样子。

人可以没野心，但不能没追求

朋友圈里曾流行这样的话题：你穷是因为你没有野心，没野心你只能一辈子当穷人，因为穷人从来没有野心，等等。类似的标题翻来覆去都是一个意思：连一点追求都没有，活该你穷。

强行灌输此类的鸡汤，有人虽说会撸起袖子加油干，但还是会迷失在追随野心的路上，毕竟在能力有限时，野心只是一个空想。

其实理解野心特别容易，比如蹒跚学步的幼儿通过努力学会走路叫理想，想去学会跑步或幻想能一飞冲天叫野心。刚起步都是从奔着小目标组成的理想开始，慢慢地拥有实力后才去满足野心，想做好一件事又不想面对生活的层层考验，那就是瞎折腾。

1

前不久，即将24岁的J先生打电话抱怨，说是越来越讨厌自己，找不到奋斗的感觉，还说自己年纪轻轻就步入了老年人的行列。

他的话可吓了我一跳，我以为他是被生活折磨到了满头白发的地步，等他把缘由说出时，我顿时又心疼起这个一无所有，又喊着害怕世界的年轻人。

J 先生是我的初中同学，当年成绩优异的他执意要去学计算机，从此过上了维修电脑的生活。虽说他这个人很有上进心，但却被口袋里只剩下几十块的日子吓怕了。作为普通的维修工人，他的工资始终不算高，可每天又舍不得委屈自己，吃饭至少能花去半天的工资，再算上其他的生活费用，完全是个“月光族”。

J 先生在迷惘地面对现状时，觉得当今互联网生意是主流，想去学习点编程技术，又因高学费而苦恼，如今已迷茫到不清楚该去打工，还是该学点专业技术自立门户。

我当时就在想，如果他继续打工，始终是被人管制的，不会自由，发展好了顶多能开个小店平淡地过日子，可要是学点专业技术，虽说自立门户有困难，但起码有了奔头，清楚自己要追逐的方向。

想做的事就别犹豫，虽不能保证都有收获，但起码不会辜负野心，当然了，要是没能力却偏偏执意做不可能的事，这就是盲目的投入。

现实是残酷的，你做出一副软弱的样子它也不会可怜你，相反还会加倍摧残你，拥有了野心就别雪藏，去追求它才能有机会接近它。

平淡的生活也有苦，有野心的日子也有苦，都是苦，还不如向往有野心的日子。

2

当一个人拥有野心，却配不上承受的苦，那基本就是空想。虽说这种说辞较浅，不能够深入地剖析人生，但却是一种最好的讽刺。

不甘心做咸鱼的人，却偏偏对生活毫无追求，那基本就是在做着没有意义的事，所以你想要收获，就要先懂得付出。

去年夏天，我去浙江某大学听课，恰好遇到几个学生在尽情地打篮球，产生兴趣的我便坐在一旁观战，其中有个学生累到虚脱被人替下来，他喝着纯净水满头大汗地坐在我旁边。

他很热情，拍拍我的肩膀问我是不是也想要打篮球，还没等我说他就表示，自己从小就幻想着有一天能打比赛。

小时候，小区楼下的公园经常能看到他的身影，他一个人在琢磨进球、传球技巧，那时候还被人嘲笑是不务正业，别人放学就知道写作业，他却盯着篮球在发呆。

家里人也因此跟他闹过一番，直到他感觉对篮球的喜爱已经是无法阻挡了，这才意识到平日里的投篮更像是闲着没事锻炼身体，在觉悟之后便开始追求能站上比赛场地。

后来他干脆报名参加了市区的一个篮球比赛，获得了第一名的优异成绩。直到他拥有了这份光荣的成绩才得到家里的许可，成了一名体育生。

所以他现在练习、参加比赛，就是为了被人发现，能够进入国家队，争取站在更大的球场展现自己的球技。

我们风尘仆仆地活在这个世界上，是为了追求自己喜欢的事情，当一个人拥有了野心，就一定会争取做到最好。当你安于现状，自身的实力也支撑不起梦想，那也就别再谈什么达成目标。

你为喜欢的事情而劳累，别人亦如此。如果你停下来，世界不会因你而改变，同时别人也会超越你。然而，这就是生活，有人一路奋进，也有人贪图安逸。

3

所有人都拥有不满现状的心，只是有的想去突破，有的却不敢追求。

有所追求的人，只是想让人生更加丰富，更加完整。我们追求进步，才会对野心有深一层的理解。

其实野心是有条件有门槛的，只有把适合自己、有能力有信心实现的目标当成野心，才不会被人质疑。

就如同，拾荒的流浪汉想要迎娶白富美，这种野心几乎没有可能实现。没有专业知识却要进军专家领域的人，是滑天下之大稽。可当事情发生在进取心强的年轻人身上，事情往往会有转机。

几年前马云曾被嘲笑为可笑的野心家，但他始终奋斗在接近野心的前线，甚至起早贪黑，废寝忘食，才成就了互联网商业帝国。虽说他的成功不可复制，但社会一直在改变，什么都在进步，我们可以不学他夜以继日地工作，但那种对野心的追求总是要肯定的。

通过努力获取成就，是给嘲笑你的人打脸的最好方式。

没有追求的人生是枯燥的，生活如同流水线般地反反复复，能激起波澜的无非就是打打闹闹，身患疾病。而有追求的人，拥有丰富的人生经历，体会过失败的心酸和成功的骄傲，过程虽苦，却受益终生。

其实，人最大的失落不是失恋，不是被人批评，而是对未来感到渺茫。人最大的可悲不是失败，不是无人懂你，而是安于现状不愿进步。

一个人，对未来可以没有野心，但对生活总要有点追求。

你经常熬夜，是在努力吧

当我们深夜捧着手机注视那些正在线上的朋友，总会认为，他经常熬夜，是在努力工作吧？

1

在我的朋友圈里就有许多夜猫子，深夜还要拍几张坐在电脑前的照片，乍一看还以为是在熬夜努力，但一聊又发现他只是闲着没事而已。

去年我就养成了假装努力的毛病。白天不愿意写作，等到深夜才勉强打几行文字，读来读去又不满意，删删减减就到了凌晨，然后迷糊地看着电脑，直到自己眼皮睁不开才去躺下，第二天醒来又说熬夜写作导致自己睡眠不足。

在我微信里有个群，形形色色的人数百个，有时候深夜就像是受到了弹药袭击一样，消息提示不停地响，里面有的人说正在学习，有的说在写论文，还有的说只是睡不着。当我们随意谈论着各种话题，“吐槽”着人生，把各种喜好讲得热火朝天的时候，我也意识到这样一件事，这大概并非是我所认为的在熬夜努力，只不过是深夜里难以入睡，在熬夜消遣，若是真急着努力，哪还有闲工夫聊天?

熬夜不代表着是在努力，大部分人只是在消遣而已。

2

读者曾在微博中私信我说，每次分享文章都那么晚，只要我发新文就示意着睡眠时间来到。我还调侃自己是个闹钟，能够提醒他们睡眠时间到了，可我也意识到一个问题，我竟不知在何时有了不看手机就难以入眠的习惯。

每当深夜，我总爱翻阅别人的微博看个不停，看几个笑话段子，有时笑得太用力就会产生兴奋感，再也无法入眠。

很多人问过我，经常见你熬夜，难不成深夜更有灵感?我从来没正面回应此类问题，觉得自己熬夜似乎是在向着堕落迈进，是浪费了大把时间在休闲娱乐之上，才造成别人的“误以为”。

时间总在无意识中被消遣完，但有时这种无意识就是造成命运悬殊的利剑。

如今的我们都在忙东忙西，似乎熬夜也成了一种普遍现象，现实中存在多种熬夜理由，有种叫作加班赚钱，有种是在努力学习，还有种是工作要求，最害人的是熬夜消遣。

3

我从来不认为，那些自称熬夜努力工作，却狂刷微博朋友圈的做法叫作努力。

刚认识的一个朋友在做媒体文案，喜欢用图片误导别人，让人以为他工作有多辛苦，更有时候会在深夜发几张 PPT 图片，并且写上几句，比如：今天加班加到想哭，真是累。

我也总认为，他是伴随深夜迎接明日阳光的人，可是现实情况却大不相同。

有次深夜，我有急事找他，就发了条语音，没想到回应的是音乐“狂嗨”的噪声，我还笑着说这工作癖好太独特了，难不成是听音乐才有动力？

电话中他扑哧一声笑了，说自己就是个小文员，工作也不复杂，熬夜加班只是因为白天的工作出错太多，需要加班加点整改而已。

得知真相那刻，我就意识到，让人形成记忆的都是第一印象，当大脑误以为事实就是想象的情况后，总会为别人弄出些不相干的标签。

如果真那么努力，还能有时间去玩朋友圈？在输入框中打上文字的那刻，已经浪费了提早结束任务的时间。既然有着急的工作要熬夜，那怎能还有时间忙里偷闲？

4

你伪装成很努力的样子，却忘记了失败在出卖你！

我有一个朋友是写古言小说的，他想象力丰富，文笔干练，时常会来几句优美的古风诗词。可是他却并没有在写作这条路上坚持下去。

虽然他没有高人一等的学历，但因对故事情节掌控很到位而得到了不少关注。可他却是个容易堕落的人，曾把文章写到烂大街，连读者也流失了大半，而导致这种情况的原因是，他沉迷在某款手游中无法自拔。

虽然他白日里工作很累，到了晚上玩几局游戏能娱悦一下心情，可他越玩越上瘾，逐渐对作品开始糊弄，烂俗的文字穿插其中，隔着屏幕就能读到尴尬，可是他无所谓地表示，反正人气有了，还怕他们不跟读？

在他执迷不悟、无法自拔之时，有同行就劝他以工作为主，可他非但不听，还学会了撒谎欺骗，在作品主页中写着能够有多少字的更新，可日常能看到的文字寥寥无几，毕竟他早就没心思去写作了。

眼见着量达不到，就只能滥竽充数，最后亲手毁掉了自己。

是否努力过，从结果就能一目了然。喊着工作有多辛苦的时候，可否先看看工作成绩再讲话？

当你面临失败又不知悔改，就别再给努力泼脏水了。

5

越来越多的人把熬夜当成一种常态，我也时常看到朋友圈里组团玩游戏“开黑”的人。

直到他们披头散发，一副蜡黄脸出现在我面前，我更认为熬夜带来的不是一种进步，而是摧残。我并不羡慕他们熬夜，反而心疼那些总是炫耀熬夜的人，你不是拼命地努力，而是尽力地送命。

不知从何时起，似乎人们的潜意识里会有一种概念，觉得面对工作的人一旦熬夜就是在努力，其实有些人只不过是在消遣而已。

熬夜的人，大部分都无关努力，只是想要用业余的时间娱乐而已，也就造成有人喜欢在深夜买醉，有人穿梭在酒吧享受夜生活的现象。可也别忘记身体总会吃不消，能让你透支到病倒。

熬夜并不代表着是在努力，往往说明平日工作效率低，更有甚者将深夜当作撒野的时间，选择熬夜只不过是消遣快活，但也请务必珍惜生命，没有什么比自由和健康更重要。

你经常熬夜，是真的在努力吗?

如果不是，请珍惜身体!

什么迷茫，不就是懒

很多人面对如山的社会压力就头疼，总认为上天不公平，苦难没事就找碴，时常还会冒出放弃生活的念头。还有种人喜欢等待，觉得一切都是命，等到时机成熟自然而然就能功成名就。

1

去年，我一个退伍的朋友变得颓废，愣是摆出一副对世界绝望的面孔，在生活中也是垂头丧气，不像是个年轻气盛的小伙。

那段时间他经常发朋友圈，感叹生活多么不易，觉得人活着就是遭罪。我还以为他有事想不开准备自杀，打电话过去一问，他说是对生活很迷茫，不知该怎么继续活下去。

我还信以为真，又举例子证明人都是要经过一段沉默的日子，那是对自己的一种修炼，只有熬过去才能走上成功之路。

后来我才听人讲，其实他不是迷茫，而是对生活不满意，总要把“为什么别人会拥有，自己却没有”挂在嘴边，久而久之就形成习惯，在做任何事之前，都喜欢套用这句话。

在他退伍后，由于也没有学过什么技术，家里人想要他做快递生意，可他不乐意，一听说自己的战友去了什么单位，有的还自主创业了，就不愿做这种活，觉得太累太脏还要服务别人。

后来他干脆就闷在家里，对外口口声声说是迷茫，不知道该怎么生活，而真实情况是他懒惰到工作不愿意干，只想要躺着就能赚钱的活儿。不过他也是挺可悲的，最后还是干上了快递工作。

我当时还开玩笑告诉他，假如当初他真心不喜欢做这类活儿，完全可以拒绝，但要加倍努力学习一项技术，因为闯荡社会不学点什么技能就没办法生存下去。

可是他终究还是败在了自己的懒惰上，我也不清楚他两年的军旅生涯是如何度过的，一退伍就忘记了雷厉风行的习惯。

谁都一样，如果你真心不喜欢一件事，完全有重新选择的权利，但也要有能力配得上。当你并未拥有掌控命运的能力，又懒得去改变自己，你不失败都难。

2

人就是应该活在不断学习的过程中，当你拥有了如今的一切，不代表别人不会拥有，只是谁先谁后而已，想要稳定地位，就要一直优秀着。

去年，长期窝在房间写作的我，认识了一个外卖小哥，我所在区域都是由他负责送餐，久而久之也就熟悉了。有一次他问我，有没有拖过稿？我没思考就说，没有。他撇撇嘴吸了口烟就讲起曾经的自己。

他之所以做外卖生意，就是想要改掉懒惰的毛病。

那一年他还坐在办公室里上班，却是一个不求上进的人，觉得人的晋升都是靠着机遇，只要运气一来，高薪水的日子也就不请自来了。而且他还时常用“年轻不能要求太多，要多给其他人一些生存希望”安慰自己，久而久之他就成了别人眼中不求上进的职员。

于是，他开始尽情享受人生，不喜欢听闹钟响，觉得上班是件头疼的事情，一上班就会难受到不想起床。他的生活过得很邋遢，一回家就是“葛优躺”，能够懒到卧床一天。而他在职场中更是糟糕，上级分配的工作会拖延许久才完成，要是着急的工作，被上级说几句还会有充分的理由回击。

他愚昧地把这种状况称作年轻时的迷茫，觉得既然人要等到三十而立，那么年轻的时候还不如好好地潇洒，反正现在也不知道该怎么去奋斗。

后来，越来越多的烦恼出现了，他开始抱怨生活，和许多人说生活太迷茫了，说自己工作没有存在感，已经对工作失去了兴趣。那时候他还不清楚是自己过得太荒唐。在工作不断出错后，他才反思自己的行为，也意识到原来是懒惰害惨了自己。

他为了改掉恶习，才愿意去送外卖，觉得客户是自己勤快的动力，满足别人也能让自己快乐。

其实职场中的人都在犯这种错误，觉得比不过别人还不如好好享受生活，一旦这种心思成了自己消遣的理由，人也就会变得不求上进，提早过上得过且过的生活。

要想有个辉煌的人生，就别把步伐停在奋斗的路上。

3

其实每个人内心都有偷懒的念头，而且偷懒在生活中很常见。但我们千万别把偷懒当成一种追求，也别把你的懒惰形容成迷茫。我们不求上进，只是懒得去上进罢了。

简单来说，上学期间，看别人拥有优秀成绩就眼红，但我们却喜欢用游戏来消耗那种嫉妒，还一个劲儿地在酒吧里喊着对学习太迷茫，实际上是你太懒。

我们总在一边口口声声喊着求上进，一边又虚度光阴，但从来不想找找自身缺点。我们总是胸怀大志，却喜欢荒废时光，其实是自找嘲笑。

当你说着人生太迷茫的时候，你真的存在迷茫吗？

其实不是，都是因为太懒，觉得生活有太多的不满足，可是也从未想过努力争取。所以别把迷茫挂在嘴边，无病呻吟又喜欢为懒惰做挡箭牌。

你对生活不满意的时候，就是现实状况无法满足你野心的时候，这种落差感是因自己不够上进。

你喊天喊地说着生活苦累，是因为你不习惯吃苦的生活，因为你已经开始习惯了平庸。

你不甘人生荒唐地过完，却在平庸地颓废下去。你想要成为别人眼中的焦点，却不想为之付出代价。那么请问你是真的想要拥有那一切吗？

一个人想要追求的生活，连自己都不愿去争取，还指望谁会给你？

如果你正年轻，就别让懒惰毁了自己，该做的事情别再拖下去，为人生定个小目标，选择一个圈子和优秀的人交往，尝试着不再害怕失败，去承担该承担的责任。

当一个人习惯了懒惰，就会和梦想擦肩，就宛如行尸走肉。当一个人习惯了优秀，就会向往更加辉煌。

生活一旦和懒惰有了关系，就会让人甘愿把平庸当成人生，直到你一无所有。

当优秀的人继续优秀下去，而懒惰的你还死性不改，请问问自己，又穷又丑有什么资格懒惰呢？

优秀的人本身就没必要迎合别人

不是委屈自己就能受人喜欢，也不必做到人人都喜欢，但一定要做个自己喜欢的人，不去迎合，也不媚俗。

1

也不知道中了什么邪，苹果先生竟成了微博控，扬言要一个月吸引粉丝 10 万，还在策划着能够上热搜，成为响当当的网络红人。可是几天后他就腻了，因为他每次发微博，都因语言犀利被人骂。

有次他举着手机愤怒地朝我喊道：看这群人，为什么发私信告诉我要发表什么样的言论？难不成我还欠他们的？

见他一副怒气冲冲的样子，我笑着跟他说：你何必用粗鲁的言语形容别人？这本身是件好事，说明他们对你产生了依赖，而你却在较真。生活是我们的，干吗要去被几条言论所左右？总不能有人让你把微博送人，你脑中还真闪过这一想法。

谁都有想要做的事情，我们投身其中就要享受，找到属于自己的特色，而不是迎合别人，甚至改变自己。

我吃惊的是，苹果先生竟然想去迎合别人，改变自己的特色，所有的计划都被打乱，而他还是被人指责了一番，搞得苹果先生想要放弃做网红这件事。

偶尔一次，我翻开他的微博浏览了之前的文章，文风犀利有特色，并不像最近发布的微博，阅完没有任何的感觉。

想要优秀，先拥有敢于逆流而上的勇气，别怕什么舆论，其实无论谁说什么，你还是安然无恙。

2

我从小就清楚，真正优秀的人往往是那些人群里一眼就能识别出来的人。

我也很早认识到，我们尝试着迎合别人，只会让自己变得平庸，虽说通往优秀的路上会有冷眼和嘲笑，还有孤独和寂寞，但只要忍受了那段煎熬，就会拥有想要的实力。

所以我从不“合群”的那刻开始，也逐渐懂得了叔本华的那句话：人要么庸俗，要么孤独。

活到今天，我没有时常穿梭在电影院中，去 KTV 也仅有一次，平常的自己都是按照想要的方式去生活，觉得过得很充实，虽然表面上像是没有朋友，但周围都是和我做同样工作的人。

或许优秀的人并不是不合群，只是他们有自己的想法，你认为他们不合群仅仅是因为难以挤进他们的生活圈而已。

这几年走过很多地方，见过一些孩子从小就把孤寂表现得淋漓尽致，当他们周围的小伙伴在看电视的时候，他们独自一人在画画或者看书，起初我认为这是自闭症，可是一了解才清楚，原来他们仅仅是喜爱读书和画画，在享受着想要的生活而已。

其实，真正有想法的人，往往都表现得很特殊，而平常人却认为他们很孤独。

之前看过韩寒的故事。他在同学眼中是很特殊的人，上课的时候会写小说，下课的时候会递给同学看，就是这种特殊的做法，才让他成为文学界的畅销作家。

虽说这种行为是不可取的，毕竟影响学习，但从他身上能够反射出一个道理，有想法的人，还真和其他人大不相同。

3

去年表妹毕业，她就特别后悔，觉得上没上学都一个样，毕业后也没显得抢手，而当初她嘲笑的女生从某大学毕业，在某地方电视台成了实习记者。

她聊起高中那几年的生活，说自己简直就是稀里糊涂地过着，和一群人讨论娱乐八卦，说着明星的黑历史新闻，而班里却存在着一个和她们没有任何话题的女生，几乎每天都在奋笔疾书，甚至在自习课吵闹的时候能静心思考题目。

起初她们根本不理解这个女生，觉得她就是异类，不按套路出牌，不团结同学，但对方因为成绩优秀做了班干部，有意见的人也不敢背地里讨论。

在面临高考那年，那女生始终保持着不同于常人的心态，埋头苦读，甚至也不参加聚会狂欢，问她缘由她就用为未来打算来解释。

后来这个女生考试也稍有点失利，却还是考上了二本，而那群经常讨论娱乐八卦的人优秀点的也能考上二本，其他的几乎都是专科。

表妹就是专科中的一员，毕业后去找喜爱的工作，见到招聘书中的学历声明，她后悔莫及。

也许在我们眼中，做着另类事情的人比我们低一等，可等到他们发力的时候，我们就成了他们脚下的底层人物。

有想法的人，不会迎合别人迷失自己，即便是负重前行，也不想花心思浪费在无用的地方。

我们越长大，就越害怕孤独。当我们融入了一个圈子，解除了孤独的忧患，却又少了欣赏前方美丽风景的时机。

4

一天，我还在睡懒觉，却被高中同学小芳的一通电话吵醒，接通后她就一顿抱怨，说她最近挺郁闷的，前几天看到一家私企招工就去了现场面试，却因为不会吸烟导致没能入选。

听到后面那句话，我也没了睡意，顿时兴趣大增，就了解了整件事的前因后果。

据她说，和她一同面试的还有个姑娘，打扮得挺妖艳，看上去就像个“小太妹”，她在面试的时候，无意递给了女上司一根烟，没想到面试这事就轻松搞定了。

小芳说她很想不通，明明学历和工作能力都比那个女孩优秀，难不成自己落选就是因为不会吸烟？要是当初告诉她要用香烟作为诱惑，她也可以临时去学。

听了她一时愤怒的话语，我无奈地劝解道：“若为了得到一件东西，非要逼着自己改变，那这就是活受罪。何必为了利益，而去做一个连自己都不熟悉的人？”

生活中，就有人甘愿做没有立场的人，刻意地迎合别人，改变自己，失去了做人的本真，但得到的也并非是自己想要的，反而因为圈子的影响变成了自己讨厌的人。与其为了迎合别人而去伪装自己，不如多花时间提升自身价值。

人虽是群居性的动物，因为孤独才想找点归属感，但刻意去迎合别人，往往都会失去自己的底线，沦为一名靠作秀维系生活的普通人。我们可以这样认为，商业大亨如果对公司不闻不问，每天都喜欢花天酒地，和不相干的人待在一起，只去公司查看收益和签字，那这样的公司肯定是没有任何发展前途的。

鹤立鸡群，必然不好受，所以合群的人往往是与同类人合群，在你眼里不合群是因为你没有资格进入那个圈子而已。

5

虽然说合群也是一种优秀，优秀的人也有合群的，但大部分优秀的人都愿活出自我，不会刻意迎合别人，毕竟真实的自我才是最美的。而牺牲自我去一味迎合别人，或许会变得更加迷茫和恐慌。

不是说，费尽心思去维系的关系，就会是最好的关系。有些人，你去刻意花心思经营，得到的仅仅是失望。

我们都说，不合群是一种病，应该审视自己是不是真的有错。但我们真的排查一遍就会发现，有时被排斥和孤立真的不是性格问题造成的，因为不合群的人在做着和我们不相同的事，自然是独立生存的。

当拥有独特的想法时，不要被外界的舆论所埋没，别被世俗的看法蒙蔽双眼，别被他人的风凉话干扰心思，用勇气来克服孤寂，总能拥有想要的实力。

不合群的时候，可能遭到外界猜忌，内心肯定有委屈和心酸，但何必迎合别人的想法，让自己不开心，又戴着面具生活，认不清自己？

费尽心思迎合他人，既累人累己，又于事无补，甚至结果也会让自己大失所望，可当你尝试丰富自己，提升自己的能力与价值，总会有人欣赏你。

全世界只有一个你，在没人懂你的日子里，要学会爱自己。

余生很长，何必慌张

总有人慌张地活着的，提早结束奋斗。

1

毕业后，我常年奔波在异乡城市，老同学渐渐也就失去了联系。

有一次高中班长将我拉到了同学群，紧接着群里就炸了锅，或许我平日较为神秘，老同学也都对我的处境产生了好奇。我默默点开一个个语音，在他们激动的话语中还夹杂着孩子的吵闹声，详细一问才清楚大家早就成了家。

不过看似圆满的人生，却也有喊累喊苦的人。有些人默默遵循着家庭的世俗观念，过早投身社会拥有家庭，必然会在某一刻撑不住。

我大胆地问一个同学，过早拥有家庭负担不累吗？而他沉默了许久后发了段语音：不好意思，刚刚在照顾孩子，现在每天除了上班下班就是呵护这个突然而来的宝贝，自己已经颓废了，不是不想去努力地造梦，而是再也没有精力。

有时候我们对一件事很好奇，可真的去尝试又疲于应付。

这也顿时让我想起自己的经历，穿梭在城市的灯光下，又要应付家里的各种安排。每次到家一聚餐，亲戚朋友准会告诉我，那谁家的姑娘不仅能干还漂亮，你表舅家的孩子都结婚了，你远房姑姑家的女儿刚生了孩子。

每逢遇到这样的情况都是我头疼的时候，几乎每次回家都要保持良好的心理状态，找不同的理由应付。在激烈争论后，家人也会抛出一大堆的道理警示你，我无奈只能用梦想作为挡箭牌，却也有撑不住局面的时候。

或许大部分的人都不喜欢在传统的生活下随波逐流，而年轻人更喜欢自由不受束缚，都希望过着貌似平凡却自认为繁华的生活，不是不懂社会的世俗观念，只是世俗观念不懂我们想要的生活。

2

离乡两年后偶然一次回家，老朋友聚在一起，年纪比我小的也都领着自己心爱的另一半，只剩下我孤零零的一个。

餐桌上的打情骂俏也在无意间伤害我。有时我也会在瞬间被这种亲昵打动，但清醒后又警告自己，我有梦想，这个比其他的都珍贵，感情说碎就碎，但抱紧了梦想它便不会离开你。

我时常听到有人问我个人生活问题，还有人会提出做我另一半的要求，我都绞尽脑汁去拒绝，理由总是委婉，也有部分人不会放弃，说我总有妥协的一天。我不是“高冷”，只是想在有梦想的年纪做最好的自己。

记得有次约好友喝下午茶，我闻着拿铁香醇的气息，听着王菲早期的作品《红豆》，一眨眼看好友带了个伴儿来，本以为这是他寻觅茫茫人海后找到的最称心如意的人，没想到人家是冲我而来，对方听闻我是坐在家里写东西的“坐家”，就对我个人的生活产生了兴趣。

饭吃到一半便聊起了未来，对方说了一大堆让人面红耳赤的话。好友说，人家对你早就产生了好感，你的作品看了不止百遍，要是你不答应，就是不给我面子。

虽然眼前那位文静、清纯、靓丽的女孩在别人眼里是大家闺秀、窈窕淑女，但我却难以收藏起来好好欣赏。

没人喜欢被人强迫着做事，但总有些人想要控制你的生活，就如同在你手上套上一把枷锁。

感情可能是你孤寂后的归属，可未必适合所有人，终究不离不弃陪着你的还是梦想，你成功了，感情自然也会随风而来。

摇摇头拒绝，虽然看着她眼中流露出的遗憾，心里也会有所愧疚，但也替她开心，这一次倔强是为了让她拥有更好的人生。

每个人终会遇到一个爱你的人，一个懂你、包容你、呵护你一辈子的人。

千万别在该奋斗的年纪把精力全部投入感情中，那些扑朔迷离的感情就是场梦而已。当你拥有稳固的事业，你想要的都会到来。

生活还有许多美好的事情等待着我们去探索，千万别过得太急，你得到得太快或许也代表着失去得更多。

3

离开学校，我似乎就开始患上了抑郁症，有时愁得无法入眠，总感觉世界上的任何事情都做不了。

步行在街道，看着那些开着豪车去五星级酒店吃饭的人，顿时心生羡慕，时常幻想着有一天自己捡到几百万，过上华丽奢侈的日子。

偶然一次，我听到年轻人创业的一些故事，大部分都有着一样的套路：因为一次挫折，无意间选择了某一项工作，因为持之以恒，每天过着被闹钟唤醒、被月光催着睡觉的日子，有点耐心就都成功了。

那时候的我顿时对创业产生了兴趣，觉得只要有产品，有了投资，别人肯定会来买，自己就等着数钱好了。

此前因为对生活产生了慌张感，对未来很迷茫，我选择回到了家里，待在房间里忏悔。后来我在这种所谓的成功事例中找到了自信，还一直坚信，只要踏出那一步，就必然会成功。

而我的一个朋友毕业后就一直待在一家公司，工资每年都在翻倍增长，偶然一次聊天，我把想法告诉了他。

朋友发来了“无语”的表情，起初我还火冒三丈，感觉他像是在侮辱我崇高的理想，我就跟他说，你是不是也看不起我？

太敏感的人总是容易愤怒，无意间的一次受伤，就像是致命的打击。

朋友问，你有钱，但你有经验吗？

我说没有，但可以慢慢地锻炼出来，谁天生就有做大事的经验，不都是靠日后的经历慢慢地积累吗？

朋友问，你一个人能够做得起来吗？你怎么知道如何把商品推销出去，甚至如何找到商品资源呢？

那次，我被他彻底问倒，我反复地琢磨着，的确该拥有的都没有。而经验都是通过不断实践总结出来的，创业不是简单的小事，是投入资本去赚取更多的资金，不是过家家，失败了也没有任何损失。

后来我沉默了，朋友又发了一句跟我说，你这么费尽心思想要成功，无非是逃避之前的失败，既然你在想着成功，又为何不去解决那些失败？

我们往往喜欢看到结果而忽略过程。而任何事情都要历经千辛万苦，就和西天取经要经历九九八十一难才能修成佛一样。要认清现在的生活，难题如果积累太多，最终都是人生中的绊脚石。

放眼未来的前提，是解决了当下的小事。想要走一条畅通无阻的路，就得先清理路上的沙石。

4

我从闯荡写作这条路后，就感悟到了许多事。曾经也幻想着能够一夜走红，成为万众瞩目的大作家，可是又想到没有任何的作品，连拿得出手的文章都没有，你乞求别人认识你，但谁会可怜你？

我们所羡慕的那些光鲜的人，谁不是从日益艰苦劳累的生活中走出来的？

有些人，闯荡了十几年才被人认可，这背后所付出的汗水谁人知晓？就因为在不停地努力，又在不断地失败，最后才能成长起来。如同一滴滴落下的水，时间久了自然也会汇集成河。

社会快节奏发展的今天，愈来愈多的人开始被焦虑折磨，我们面对突然而来的压力都会慌张到无所适从。谁面对失败的时候都可能会偷偷流下几滴泪水，感叹自己命不好，做什么都惨败。

往往许多时候，我们都不找寻自己身上存在的问题，只是一味把责任推出去，怨天尤人，说三道四，或许你认为是在别人面前诉苦，但在外人看来你只是个无用的疯子。

余生很长，千万别慌张地生活，没有谁会一口吃成胖子。谁也不可能做到不去学习就能轻松毕业，都是在慢慢积累。

就例如，今日给了你一个董事长的位置去坐，你肯定无所适从，但给你一个简单的文案工作，你就可以胜任。人的生活就是在不停地升级、不停地“打 boss”，只有等级高才会登上排行榜。

年纪轻轻就担心这个担心那个，你的生活肯定过得一团糟，做任何事情都要通过一步步攀爬才能登顶。

别把生活过得太快，修炼未满时过早地接触一些事情，你的精力也会被透支。余生很长，何必慌张？

你不甘堕落，却又自甘堕落

自甘堕落的后果就是被社会淘汰。

1

前几天同学小月又打电话抱怨人生苦恼的事情，她毕业至今也没能找到理想的工作，大概觉得生活就是跟她对着干。

她说：“总是忙忙碌碌，却找不到想要的感觉。”

我说：“那你还是躺在床上幻想着能闷声发大财算了。”

一句话就把小月说哭了，虽然觉得她的故事有些凄惨，一个小姑娘辛辛苦苦在外工作，又遭受着打击和挫折，让人觉得心酸，可吐槽工作已经是她的常态，我甚至觉得她根本不值得同情。

在校期间我们都是艺术生，有一次因为专业课程优秀，我和小月被选拔为参赛的候选人，由于要进行严格的训练，准备参赛的人都被集中在一间教室，没人看管，任凭随意创作。

可是小月却觉得这是钻空子的时候，趁着老师不在现场就会掏出手机玩 App，或者听听音乐，看几个综艺节目，在无聊的时候利用创作无关紧要的作品来打发时间。

她还喜欢恶作剧，把卫生纸蘸上涂料放在厕所附近，几乎整个教学楼的老师都被清洁阿姨挨个骂了一遍，可是她觉得这样有种成就感。

往往一个人在最轻松的时候会展现出最愚蠢的一面，因为那个时候的自己会因为自由而失去理智。

不过小月也算得上是智商高的人，她能猜到教学老师来探班的时间，其他时间便会溜出去。这样的情况一直持续到比赛的前几天，小月突然莫名其妙地请客吃饭，等邀请的人到齐了她不好意思地说，参加比赛不能没有作品，能不能借大家废弃的作品一用？

虽然得到了作品，却也被教学老师一眼识破，毕竟人和人不同，因为性格不一，想法有差异，创作出的东西也会有所不同。

小月被清理出局，也失去了别人的信任，亲手毁掉了机会。

她总是不思进取，想要不劳而获，最终让自己慢慢地堕落到失败的地步。

当你觉得不在艰难困苦中挣扎才能够快乐时，还有些人在享受着每天紧张忙碌的时光。他们不是迫不得已，而是在为自己的未来下注。

从工作以来，小月总抱怨工作多么不如意，却从来没考虑过自己薄弱的专业知识及懒惰的思想。

所以至今我也从来不去同情这样一群人：亲手将自己打成残废，又苦苦叫喊着别人对你不公。既然自己对自己能够下狠手，又何必去指责别人对你残忍？

自甘堕落是最轻松的事，一个人想要堕落轻而易举，一个人想要进步却是困难重重。

当你觉得自己轻松得心安理得的时候，失败的钟声也在为你敲响。

2

生活复杂得让我们无法认清现实，有些时候堕落就像是某种药品，无意间注射进你的全身，便会麻痹思想，控制神经。

有时候我也非常羡慕那群经常泡在网吧里的人，连续通宵玩乐，不用去干烦恼的工作，不用去听唠叨不休的课程。我甚至也想过要在酒吧里徘徊到醉醺醺，这样苦恼的事情就会忘得一干二净，我再也不需要为生活发愁。

可我又会被现实敲醒，不得不看着自己时下的问题。

之前我有一个朋友左先生，刚毕业去实习，没几天就遭到劝退。

那是他很看重的一份工作，录取前他还扬言一定要干出一番成绩，却没过三个月的实习期就被自己打脸。

工作上有了不顺心，他难受地找我去陪他一醉解千愁。我这个人耿直，当场便追问被劝退的内幕。他说，由于自己连续几天迟到，被公司看作是消极怠工，所以人事部门才会出面劝退他。

我又问他为何会迟到，他毫不迟疑地列举出许多原因，例如因为玩游戏睡觉太晚所以起床晚了点，因为闹钟没调好所以睡过了头，因为错过了地铁耽误了时间，等等。

每件事情都有前因后果，失败的时候不要总去看结果，而是要去重新翻开过程想想不足。

听了他这些理由，我顿时恍然大悟，有时犯错的并不是别人而是自己，既然你想去做好那份工作，犯了错又不知悔改，只能怪自己从来没有认真地对待过。

明知需要早起还要去熬夜，早知不能自然醒来却从不提早调好闹钟，知道时间不充足却又懒得早起几分钟，所有的现象都表明你没有那么爱这份工作。

自己喜欢的事情肯定会竭尽全力去做，即便是累点苦点，只要能够做好便不会觉得有多难受。

处于事业发展期的时候，你却被一些娱乐性的事物所吸引，被自己的懒惰坑害，那么事业就会被你亲手终结。

你在用无数借口来安慰自己，换来的只是无限期的假条，失败的也会是自己。

3

竞争无处不在，你永远不知对手是谁，也不知明天的困难又会是什么样，但处处存在竞争，你却想要选择平淡地活着，在堕落中将激情打退，哭的终究会是你。

我们往往只能站在别人身边，来羡慕别人拥有光鲜亮丽的花环。我们往往对现状有千万种的抱怨，却又总喜欢用听天由命安慰自己去勉强接受现状。而很多人早就在敷衍的人生路上失去了自信、勇气和那份不服输的魄力，只是后知后觉很晚才发现罢了。

有个朋友从医，觉得工作稳定、收入稳定，就不再愁苦什么，在养成上班看病、下班玩游戏的习惯后，突然有一天意识到自己并不清楚自己到底在做什么。

眼见着曾和他共同起跑的人都做了副院长或主治医师，他才开始有了想要改变现状的想法，并为自己定了许多的小目标，养成了看病做笔记、每周总结病历等习惯，还会经常看书，和同事沟通病情，渐渐地提高了专业水平。

他终于在小目标中发现了自己该做的事情，工作和业余时间都变得充实起来。

你停下前进脚步的时候，其他尾随你的人就会超越过去。一个人过得稳定不是真正的成功，真正成功的人，往往不会被表面现象所迷惑。他们不甘堕落，不甘碌碌无为，不甘无所事事，总会尽自己的能力，绽放最美的精彩瞬间。

4

一个永远不思进取的人，是没有未来的人。光芒万丈属于一心向上的人。

你百无聊赖地去生活，却浑然不知，你所谓的顺其自然是你被命运放弃后的无奈选择。

你生来就不是豪门贵胄，别奢望自己是王子或公主。你见到别人过得好心生怨念，却从不想靠能力为自己创造更好的生活。

这一切，全都是你的懒惰惹的祸！

你总为自己的安于现状找借口，其实也只是在为堕落做遮掩，在向着自甘堕落靠近而已。

做人，忍得住空虚、无聊、寂寞、孤独才重要，千万别想着去放纵，因为自甘堕落往往表面上会成就一个人，实则会毁掉一个人。

你不甘堕落却又自甘堕落，你一味颓废，都是在浪费时间！醒醒吧！时间在不停地推着我们向前走，别停下脚步，变成自甘堕落的人。

耐得住寂寞，才能守得住繁华

一个人只有熬过昨日的寂寞，才能看到明日的辉煌。

1

我有一个上大三的朋友，人送外号“大头”。有段时间大头突然变得独来独往起来，大家都感觉挺稀奇，我还笑着问起他，这次是不是和谁打赌了？

可大头竟说自己是为了向未来冲刺，说他深入了解了一下世界成功法则，想要见到辉煌就得先让自己耐得住寂寞，毕竟有时只有独自一人才能做想做的事。

在做这次决定之前，大头有几个“臭味相投”的好友，一群人总是形影不离，用连体人来形容都不夸张。这群人的爱好是玩“英雄联盟”这款游戏，还爱钻研大学周边的美食小吃，平日里就像是一群不着调的社会混混，穿行在校园里无所事事。

可是这种方式的团结导致大头专业成绩很差，他其实也觉得自己挺丢人的，可同伴们却声称都是小事，若大头成绩实在是太烂，毕业后完全可以去他们亲戚家工作。起初大头觉得这真是个办法，听闻这群人都很有背景，就巴结他们，想争取个好工作。

可就在大头缺钱出去做了兼职后，一切都变得不同了。做兼职回来大头很少和那伙人鬼混，即便是有人邀请吃饭，他也会换着理由拒绝。他把重心都放在了钻研专业上，经常一个人上课、一个人去食堂、一个人回寝室，这些事看似无聊却被大头定义为有意义的事。

后来一段时间，大头干脆也不联系我了。多次发微信都没回应，吓得我还以为是出了什么事。直到他放假回家被我问起，这才讲起整件事的起因。

原来大头在做兼职的时候发现，想要专心工作就必须承受住寂寞，否则不会得到好结果。他独来独往后不仅提升了专业能力，还空出时间做了更多正事。

大头就像在一瞬间清醒了过来，觉得谁也靠不住，只能靠自己，唯有自己做出惊人之举，方能不被社会抛弃。所以想要优秀就得先熬过寂寞，挺过困难才能获得繁华。

2

人生有四大苦，看不透，舍不得，放不下，输不起，所以也带给了大部分人困扰。

但凡有成就的人，往往要经过一段无人赏识的时光，承受住四大苦的折磨，才能遇见明日的黎明。

可如今的人又偏偏对这个世界有着无穷的好奇心，对事物都存有敏锐的触觉，反而更容易沉醉在诱惑中，变得越来越浮躁。在诱惑面前轻而易举地上钩，所思所想都为了内心愉悦，经受不住诱惑也导致大部分人远离了现实，接受了虚假。

在这个浮躁的年代，大部分人都抵抗不住手机、电脑等娱乐产品的引诱，每时每刻都挂念着 App 里的朋友，起床先翻看朋友圈，睡前更是要去点个赞。不仅没完没了地沉醉在虚拟网络之中，还浪费了大把时光。

刚开始写作的那段时间，我也抵制不住电子产品带来的诱惑，经常电脑里播放着综艺节目，手机里开着各种 App，觉得这是种极为享受的生活，可一旦浏览起来就一时半会儿无法离开屏幕，即便有再多工作也会给自己找借口不去做。

后来有一次损失了不少资金，我才从沉迷中解脱，知道了这种被虚拟产品浪费时光的行为，简直就是愚蠢至极。

一个人独处的时光很宝贵，毕竟我们都怕孤单所以才会去扎堆，可当一个人真的追求起独处的生活，世界观和价值观都会受到影响被改变。

诱惑的乐是短暂的，诱惑更像是一壶毒酒，貌似好喝，却隐藏着致命的毒。

3

别认为成功后就不会再失败，就可以任意放纵。

我之前遇到过一位美食网红，后来他过气了，但他红时的微博是极为精彩的，当时人们的关注点在于他自录的做菜视频，他发一条微博有成千上万的人转发评论。他觉得自己是一线网红，无论什么情况粉丝都不会取消关注。

而他私下更是爱炫耀自己，说有无数“迷妹”想要嫁给他，他自认为这是了不起的事情。

“躺着赚钱”的他最终爱上了灯红酒绿的生活，时常出现在酒吧碰撞着酒杯，大批大批高档衣服往家里带，就是不知道更新视频。他错误的意识观念终于导致了自己过气，毕竟他总是发一些广告，视频却寥寥无几，所以让粉丝的期望变成了失望。

总有人面对现实的诱惑无力抗拒，也就因此分辨不清该做和不该做的，只觉得心里舒服满意就行。因一时的成绩而得意放纵，就会遇到走下坡路的时候。

耐得住一时的寂寞，对工作下得了功夫，就能进一步接近繁华。

对青年时期的我们来讲，吃得了苦才能人前显贵，耐得住寂寞才能逐步成熟。

4

有句话说：“如果你想出人头地，你要耐得住寂寞，因为成功的辉煌就隐藏在寂寞的背后。”

古今凡是成大事者，都要面临寂寞迷茫的日子，过上一段孤独无助的生活，只有坚持下去、耐得住寂寞的才能实现目标。

寂寞是上天对一个人的考验，它既能在困境中磨炼思想灵魂，又能在成功后让你学会冷静。光彩的背后都是隐藏着无尽的寂寞，想要打破那种沉寂就要先让自己拥有能发光的优势。

总有人在寂寞中能一鸣惊人，也有人会一落千丈，这无非是用了不同的行为方式对待寂寞的结果，前者顺其自然修炼自己，参悟出了人生真谛，后者甘愿堕落，臣服于诱惑，却将自己关进了黑暗的地狱。

没有人生来就注定会一鸣惊人，要是不受点挫折那就不算是完美的人生。真正有所成就的不是一上来就拼命展示自己的人，而是在寂寞中养精蓄锐，蓄势待发的那类人，但前提是你能忍受得住寂寞的生活。

很多人输就输在了没有耐性，在寂寞面前无法自控，只好陷入所谓的热闹中。其实寂寞不仅会让你思考人生、收获智慧，还会使你因为自己的坚持而变得有毅力。

在理想面前，耐得住寂寞方能不寂寞。而繁华和寂寞是相互依存的，因为繁华能衍生寂寞，寂寞能转为繁华。

可如今的人恰好喜欢沉醉在虚浮不实的荣华中忘我，又因爱慕酒绿灯红的生活而变得自甘堕落，终会因受不住诱惑而迷失自己。

虽说每个人都有生活态度，但既想成功，又想在尘世中享乐，那简直就是痴心妄想。

想要繁华，先在寂寞中修炼片刻，等耐得住寂寞了，也便轻松守住了繁华。

第二章

别等到失去后
才觉得可惜

因利益而存在的友情，不珍惜也罢

我们谁也不想浪费感情，去认识一个只能成为陌生人的人。

1

和朋友去图书公司时，遇到了一位设计师，她叫蒙蒙。见到她的时候我很意外，蒙蒙年纪轻轻却一副垂头丧气样，手里握着手机徘徊在走廊里，接了个电话便蹲下失声痛哭。

怕这姑娘发生了什么事想不开，朋友就过去问清楚了事情经过，原来是蒙蒙遭到了闺密的背叛，心里憋屈得难受。

蒙蒙是学美工出身，在大学的时候就是优等生，设计课画的图案几乎都能拿满分。那个时候她很孤独，大概是沉默寡言的缘故，很少有人接近她，只有同宿舍的一个女生愿意和她相伴，生活中的互相帮助让蒙蒙尝到了友情的味道。

不过后来的一件事差点让她们的友情破裂。在学校准备组织美术比赛时，闺密竟私自偷走蒙蒙的参赛作品，还谎称是自己的作品。当蒙蒙得知这一切，在宿舍哭得一塌糊涂，心里厌烦闺密的这种行为。可是蒙蒙这个人又很好说话，闺密看她脸色不对劲，就随口说了几个理由，告诉蒙蒙她只是很想参加比赛，知道她的实力不如蒙蒙，所以才做了这偷鸡摸狗的事。

三番五次的赔礼道歉，也让蒙蒙心一软原谅了她，后来蒙蒙干脆重新画了一幅用以参赛。

但是麻烦事又来了，闺密是“学渣”，在设计方面是一窍不通的，于是就求着蒙蒙帮忙。她无可奈何又别无选择，不想因为一个比赛影响感情，于是就又设计了一组图案，助她一臂之力。

比赛的结果出来后，闺密竟然是全校第一，这也让曾经排斥她的教师刮目相看。其实蒙蒙心里是难受的，她并没有因为闺密得奖而得到好处，反而不再受到老师的重视。

推荐实习的那一年，蒙蒙和闺密都被划分成重点推荐对象，闺密就和蒙蒙商量，哭着说自己家里的经济情况太困难，反正蒙蒙这个人走到哪里都招人喜欢，不如把好机会让给她。

蒙蒙被蛊惑到下了狠心让出机会，可是闺密拿到名额却像是变了一个人，声称自己这下子就不用担心被分配到垃圾公司，还表示接下来的日子就能开车工作了。那时候蒙蒙也意识到，这几年也没见她怎么节俭过，而且还声称开车工作，这分明不是贫困的样子。

工作以后没再怎么见面，可是最近对方却打来电话，说是想要请蒙蒙帮个忙，设计一件走秀服装，那段时期的蒙蒙因生活费而苦恼，又听闺密说会五五分成，没多想也就答应了。

为了完成这件作品，她废寝忘食，连续几日的设计让她暴瘦，那时候闺密还会隔三岔五打电话问候。可等到交出作品后，就再也没有了动静。

事情过去了一个月，那件作品也得了奖，可是闺密却销声匿迹了。蒙蒙又迫于资金的压力给闺密打了电话，可是人家就明摆着说，这几年一直在利用她，难不成她傻到没发现？

有时候，但凡和利益有关系的友情都是虚伪的。毕竟利益面前，人都有私心杂念，关系铁的会警示自己别胡思乱想，关系淡就想着先下手为强。

友情不能用对方的身份地位衡量，如果有一方无节制地利用另一方，这样的友情几乎都是脆弱的。

2

《伊索寓言》中有一句名言：在紧急时舍弃你的朋友不可信赖。

我在上学期间，曾目睹过反目成仇的朋友，当事人是我的同学，背叛她的是她的闺密。在青春期都向往爱情的时候，这同学就和其他班的一个女生成了死对头，因为她们看上了同一个男生。

对方的势力极为嚣张，时常没事就来找事，但我同学这人也是个女汉子，从来都是一副不怕死的样子，硬是跟她对着干，后来对方干脆就找来了社会小混混，没事就蹲在校门口恐吓这个同学。

这样提心吊胆的日子维持了好几天，却不料闺密背叛了她，竟然跳到对方的阵营，说尽她的小秘密和坏话，而且在被她质问时，给出的理由很简单，就是不想被人要挟。

那时候她就后悔没看透这虚假的友情，致使曾经在友谊中的付出都成了无用之举。

很多人可能都在上学期间遭到过背叛的事情，例如：闺密竟然和你明争暗斗，身边的朋友突然翻脸要和你抢对象，还有些人是为了私欲而出卖你。

其实他们的价值观里只是认为，每个阶段都该有不同的朋友，或许你的出现只是满足了对方现阶段的需求，等到你没有了利用价值就会将你抛弃。像这种只抱有功利的心却不懂珍惜的人，始终不会得到社会的认同。

微博曾经爆红的话题“友谊的小船说翻就翻”，其实是个非常现实的问题，大部分的人把友情规划为在同一座城市里，有一群能够吃吃喝喝，嬉笑打闹的“狐朋狗友”，可当你离开后，有可能你给他发出的微信都会被直接忽略或敷衍几句，而你们对彼此的生活都是互不了解也不关心，从此形同陌路，仅有的来往或许只是一通请求帮助的电话而已。

有些友情是经不起变动的，动摇的程度太大就会让感情石沉大海。而这些都不是真正的友谊。

在友情世界中，一旦感到疲倦就别再费力继续了，别等到失望多于期望的时候，你才委屈地滋生后悔的心。

3

友情同爱情是相似的，也会出现背叛和冷淡，如果你始终傻乎乎地装糊涂，最终肯定会遍体鳞伤。当然，人只有经历过才会明白事实真相，这也就是老一辈说的“吃一堑，长一智”。

跨年那天，我一直“潜水”在电台群里看新年愿望，突然台长发出一大串的文字说，新的一年定要找到三两个朋友，这句话引起我好奇，难不成他堂堂一个电台台长，连个朋友都没有？

因为曾有合作关系，我主动联系了他，说话耿直的我直接就问他是不是没朋友，台长发来一个微笑的表情还回了一个"是"字，在我们两个聊得热火朝天后，他开始"吐槽"之前的一群人。

口口声声说着是朋友，有事都互相照应，可真稍有点能用得着的地方，打电话也没人接，反而在不需要的时候他们会突然出现，推荐自己的产品。似乎这种友情就是商家和客户的关系，被那些人当成朋友的，在他们眼里也只不过是个有经济能力的客户。

最可怕的是，时常有些不常联系的人，打着他的旗号说能推荐资源，等到把责任推过来就消失得无影无踪。友情的世界里只剩下推销和利用，其他的情感都不复存在。

等他说完，我也有些感慨，生活中的确存在部分类似的人，只在需要的时候记起你，而他有好事的时候从不会想到你，甚至有时候连帮他们充话费都成了我们的事，你不做他就生气耍脾气，做了他还不知足，更不懂得偿还。

我想，友情还真需要认真辨别。真心朋友，利益面前不会计较，他会骂你，却不会离开你，同时会在你需要的时候第一时间帮你。

当友情被利益绑架，何必再去为了面子继续伪装，我们面对所谓的朋友，互相摆出虚假的笑容又有什么意义呢？

如果你对朋友早就失去热情，又害怕被识破，别冠冕堂皇地用我说的“真正的朋友，无须想起，却从不忘记”来掩饰一切，即便你为了利益维持关系，也终有被揭穿的一天。

因利用而存在的友情，不珍惜也罢，我们谁也不想浪费感情，去认识一个只能成为陌生人的人。

多少人曾被一时的坏脾气伤害

用发脾气伤害别人是种什么感觉？

就是莫名其妙地发火，遇到谁都会乱喷几句，让暴躁伤害到别人，甚至发生肢体冲突。

1

人本就奇怪，各种性格都存在，有的过度善良或天真，有的暴躁甚至凶残，前者会受骗却招人喜欢，后者看似不吃亏但影响人品。

我们周围总有几个脾气差的人，有时突发一件事，他们会因太敏感而大发雷霆，离他们太近就会无辜地被刺伤。现实中的他们活得都很任性，对暴脾气早形成了依赖，也让其变成性格中不可分割的一部分。

其实当暴脾气发作，即便是无意识地伤害别人，酿成的后果也是惨重的，轻则失去几个朋友，重则让一群人不敢接近你。

2

小小跟我说她最近遇上一个男生，两个人属于志同道合的游戏玩家，经常集结在一个游戏讨论群中，相识久了便互相加了微信。

恰好小小有点寂寞，难得找到个知己跟她瞎侃。经过一段时期的预热，男生决心追她，每天都会发各种情话，早晚都要聊上几句关心的话。小小是个极为善良单纯的女孩，经不起这种软磨硬泡，最终成了男生的女友。

巧合的是，两人竟在同一座城市，得知情况后两人便决定见面。首次见面吃饭就让小小觉得不舒服，男生对服务员大呼小叫，似乎餐厅中他就是主人，别人都是他呼唤来呼唤去的用人。

小小虽然对他很和气，但还是挺防备他，生怕对方就是个豺狼虎豹。在两人买票看电影的时候，小小买了两桶爆米花，想要一人一桶，但男生拒绝了，小小这人心太善就傻乎乎地一直推给他，反而引得男生大发雷霆，放开嗓门呵斥着小小，问她是不是听不懂人话。

小小吓坏了，男生也愣住了，稳定情绪后男生便急忙道歉。但在小小看来，这看似无意识的暴怒，却代表着他的性格，指不定他是个伪善的人。

这事发生后不久，男生主动找小小见面道歉，起初小小犹豫着不知去不去，但考虑到面子还是应约了。

这次见面，小小说了句多嘴的话，男生直接拉下脸来，表情像是凶猛的食肉动物，而且一言不发直到离开。

回去的路上，小小想通了一切，她相信直觉，男生绝对是个脾气不小的人，和这样的人生活在一起会非常累，况且自己性格和善，若是交往会直接变成弱势一方。因为双方的不愉快，最终导致他们拉黑了彼此。

总有些人从不注意言行，戒不掉暴躁的坏毛病，做任何事一焦虑就会引发暴脾气，而这种恶习不仅伤害别人，还影响人际关系。

3

相信每个人遇事一急躁就会产生情绪，而一旦长期控制不好就会形成不良性格。

有个读者曾告诉我说，他所在公司的老板脾气十分暴躁，时常平白无故生气，只要一来气遭殃的就是员工，要不让加班要不就找各种理由扣钱。谁要是倒霉被他揪住了小辫子，那便是没救了，后果就是被逼到辞职为止。

这老板家里挺不幸的，老婆跟人跑了，自那以后他对任何人都有些敌意，尤其是在工作场合，只要说错点话肯定要挨批，而我这读者属于秘书级别的，在老板周围办事从来都是小心翼翼，生怕被找麻烦。

可灾难要来怎么也躲不过。在一场酒宴上，有人劝说老板再找个老婆，他拉下脸来尴尬地点头应付着。宴会一散席，老板就气炸了，觉得大家都不给面子，非要在此类场合讲私事，这口气便撒到了秘书头上。

就是因为老板的坏脾气，很多员工都想离职，觉得为这样的人打工就是受罪。老员工纷纷提交了辞职书，这才让他意识到事态的严重性，公司若是缺少老员工，生产质量肯定就会下降，公司利润也会受影响。

老板开始自我反省，还召开了公司会议收集意见。见到大部分人都在说他的脾气太差，他才决定要端正态度、改正缺点。

从此老板开始尝试着克制脾气，老员工便留住了。老板慢慢习惯了心平气和地处理事务，虽然偶尔也会无意间冒火，但他一直警告自己，坏脾气会毁掉事业。

做任何事都不能由着自己的性子乱来，有脾气能克制住才叫本事。

4

面对脾气暴躁的人决不能心慈手软，这种人是不撞南墙不回头的，只有尝到苦头才能稍有收敛。

一时控制不住坏脾气不光影响自身健康，还会伤害到其他无辜人的心。我们尽量多掌握自身情况，了解自身优缺点，对待自己的坏脾气别漫不经心，任由其放纵。

一个人无法管控自己脾气的时候，其实是最丢脸的时候。你在控诉别人不好的同时，也变成了别人眼中不合格的人。

谁的心中都有过怒火，只是聪明人懂得藏掖起来，唯独愚蠢的人才会随时爆发。当一个人能够学会理解，懂得别人的苦衷，理所当然别人也能同样对你。如果一个人只懂发泄，无论大事小事都只想着用暴力解决，那么他不但做人失败，事业同样也不会太顺心。

无论什么时候，爱发脾气的人总不会被人喜爱。

发脾气是处理事情最愚蠢的方法，不经过任何思考极力发泄，根本解决不了实质问题，反而会带来诸多烦恼，受人嫌弃。

遇事不要总想着粗鲁就能解决，毕竟有脾气虽是种个性，但一旦压制不住就会害人害己。

任何事都有好坏两面，无论遇到大小事都别滥用坏脾气解决，如果一个人以蛮横无理的形象出现，故意找碴，谁也不会任其欺凌。

发脾气虽是正常现象，但心中一定要时刻装有一把标尺，懂得分寸，知道进退。一个人脾气太差，不会显得多伟岸，反而让人觉得没本事。

你总喜欢温柔对待陌生人，苛刻对待亲人

有些人一旦被偏爱，就会变得有恃无恐，为所欲为。

1

昨天一个读者跟我讲述了一件事，关于发脾气的。

她说自己现在读大学，学习成绩还不错，每年都能够领到奖学金，她就想谋求更远的发展，想要出国留学。她觉得女性想要有身份有地位，就要先让自己变得有价值。可是这事偏偏被父母阻拦，说她一个小女孩就知道乱跑，独自一人在异国他乡出点事怎么办。

这种事情还是她父母通过新闻了解到的，看到有些留学生飞到大洋彼岸，回来的却是冰冷的尸体，这就让他们对出国这种事情产生了排斥。

无论父母用什么理由劝说，她都不为所动，这样的矛盾让两辈人产生了分歧。她爸也是个固执己见的人，谈判无解，他们因此开始冷战。而她还是不停地搜集关于出国的信息，还打听留学要准备的资料。但有次她的资料忘记携带丢在了家中，恰好被家

人看到，家人立刻打电话让她回来商量。

她一进门就板着脸，像是看陌生人般望着父母，还主动跟他们吵了一架，她妈没辙了才站在她的立场上开始考虑问题，家里人因留学这件事冷战了许久。

事情发生半个月后，她爸突然向她承认是自己的思想保守，不该断了她的人生追求。那一刻她突然泪流满面，觉得之前自己对父母的语气太过分，肯定伤害了他们。

现在最困扰她的，不是该怎么去研究出国的事项，反而是如何跟父母和解，她清楚这件事自己也是没有考虑全面，大概家里是出于对自己安全的考虑才不同意，但她却把事情做得太绝了，曾经还说过一刀两断的话。

她还反省说自己活得太任性，为什么总喜欢向着最亲的人发火，反而对那些陌生人却非常谦和，懂得客气，深谙分寸？

其实谁都有过两副面孔的时候，和别人相处会彬彬有礼，反而和家人会时常出现点摩擦。

这问题其实很简单，对待别人和善是害怕得罪别人，甚至怕对方离开，而家人无论怎么闹，他们还是你的亲人，依然会帮助你。

那么，造成温柔对待陌生人，苛刻对待亲人的原因是什么呢？

很多人会说，都怪家人啰唆，废话多。但他们所有的啰唆都是出于对你的关爱，有些叮咛的话说出来，就是想让你引以为戒。

但是很遗憾，总有人把父母的关心当成负担，他们会认为父母是用旧思想在教育一个新时代的自己。虽说父母话中会带着世俗观念，可他们始终不会害你。

人就是这样，当固执的思想逐渐形成，就会像一个烙印留在脑中，听到的话都被当成了伤人的暗箭，而只要有人主动和你探讨，就会被你当成反动派打压。

在外人面前我们会主动过滤掉难听的话，在家人面前反而无限地放大怨恨，这恰恰也是在伤害自己。

2

我有个1990年出生的朋友，他刚结婚，是个典型的“直男癌”。

他在职场上被人称赞为大好人，朋友或同事几乎没有说他做人有问题的。

可是他对待家人却不同，常常会发脾气吵架，尤其是对待老婆，生活中无论发生了大事还是小事，只要触碰到他的敏感神经，就成了别人的灾难，他硬是要吵到分出胜负。

前几天，他因为老婆怀孕不能干活的事情又吵了起来，还冲着老婆嚷嚷，声称孩子完全可以不要，这个家里也不能再有她。他老婆又是个老实人，而且又受到传统思想观念的教育，觉得女儿家一旦出嫁就是泼出去的水，要是离婚就等于被别人休了，是非常丢脸面的事，于是一味地忍让。

可是忍让只会让自己过得卑微。据说这个直男朋友有一次在公司被上级辱骂了一顿，当时领导教训得挺严重，抓着文案就扔在他脸上，他忍耐了下来，可一到家却将语言暴力施加在老婆身上，差点导致妻子流产。

他老婆觉得，是不是他在外面有外遇了，才导致了矛盾的恶化？

这个直男朋友在出事后送老婆住院，把家人都叫去照顾，自己反而跑来找我诉苦，说自己整天在家中横行霸道，在外受的气都发泄在了家人身上，弄得他们都像是受气包。

他刚开始工作时也这样，由于太看重工作成绩，只要被批评，无论是对是错都不会翻脸，反而一回家就想要找事跟父母硬干一场。这几年里家人没少受气，他也清楚自己脾气太差，在外像个奴隶般被人使唤，回家又想要找点平衡感，把自己折磨到里外不是人的局面。

于是我当时就告诉他，爱虽然能容许我们放肆，但也要时刻注意克制。

我们所说的话都备受亲人关注，往往一句不走心的话就能伤害到他们。

在人的意识里，家被当成最安全、最能包容自己的地方，所以我们受到委屈又无处发泄时，只能躲在家里偷偷消耗那种委屈，或者面对最亲的人宣泄一番。

可有些时候，一个习惯往往在不经意间养成，以至于我们在生活中毫无顾忌地乱发脾气，甚至讽刺和诋毁家人，似乎这种行为最平常不过，至少家人没有做出反击，我们也越来越肆无忌惮。

在爱面前，我们会以为放肆是无关紧要的，实际这却是最容易毁掉家庭的途径。

3

一个朋友在聚会的时候，谈起了自己养育孩子的感受。

他表示为人父母可不能存有偏执心理，对待孩子不要以施压为主要的教育方式，这不是能真正处理问题的方法。

他之前一直觉得，自己从小受到的教育就是被压制，好好学习、刻苦读书就会有出息，其实用这样的想法指导教育，会激怒孩子，这是最不安全的管教方式。

他说起自己小时候，父母时常把压力丢给他，把他和其他亲戚家的孩子对比，可这样也不能激发他的动力。父母还会把他关在家中，逼着他用功，甚至连看电视都只能看新闻，从此他就成了抑郁的孩子。

人总是看不到自己的错误，在没有效果的时候还想要变本加厉。

于是他的父母再次施加压力，从新华书店购进大量的试卷，非要逼迫他去做，每晚都要去检查学习进程，变着方法地想要孩子迅速成为天才。其实那个时候的他就有了叛逆心，想要离家出走，还想要将试卷都扔进火炉里烧掉，但当他看着严厉的父母时，却被那股气势压制住了。

随着矛盾越来越激烈，到他认为父母所做的事情太过分的时候，就开始反驳，将心中早就想要发泄的话都爆发了出来，那时候家里才意识到教育方式的错误。

朋友笑着跟我们说，还好自己也算争气，在没再被施压的情况下，还是照常考上了理想的大学，觉得自己也算得上是人生赢家。

在他孩子上幼儿园时，他也出现了急迫心，觉得别人家的孩子都聪明伶俐，而自己孩子却是笨拙的。其实他也曾用当年施压的方式教育过孩子，可发现孩子一直是害怕自己的，每次下班，孩子都是躲避着他，只跟他妈亲近。

后来他干脆放弃，选择用道理说服的方式，这才将矛盾化解。

家人的要求和渴望，往往会形成压力，压迫得自己难受，问题就变得不再简单，似乎只有使用发脾气或者其他暴力的方式才能终结这份过分的爱。

所以，有些失去理性的暴躁，是受到压力后的反击。

这个例子虽然极端，但我觉得可以帮助我们从多个方面阐述对家人苛刻的原因。有时候一个人脾气差并非天生，而是在家庭的影响下形成的。

4

有段时间，我对家里人也挺苛刻，总是冷漠到爱搭不理，什么话也不说，有事也不沟通。

其实大部分人对家人的苛刻，都是来自两代人的意见不合，因为一些新颖的想法，遭到父母的反对，从而就产生了嫉恨。

在这个互联网流行的时代，我盯着电脑打字，家人会告诉我再这样下去过几天会变傻。他们总是用老思想套在新时代人的身上，其实这也并非是故意阻碍你，只是在他们自己所能理解的范围内关心你。

年轻人都有这种通病，总是温柔对待陌生人，苛刻对待亲人。我们会因为自身受到排挤就将压力肆意发泄在家人身上，对于关爱更是变得很厌烦，一句唠叨也会让你忍不住反击一句，久而久之会形成坏脾气。

我们无法意识到家人的期望，或者会对家人的期望产生恐慌，在外界又受到了不公平的待遇，这些都成了我们放肆宣泄的原因。

我们心里会认为，家人是永远不会离开我们的，即便我们做得再过分，都是安全的。我们放肆宣泄心中的不快，宣泄对生活的不满，认为把烦恼施加在家人身上是没有风险的。

其实，我们把生活过得很无赖。我们在自身视角下会认为自己只是对当前的一件事情发火，可这样会使家人更加不理解我们的行为。

无论对错，家人终究是不会害我们的。无论是对待外界影响还是家庭矛盾，别不理智到伤害感情。同时，不要戴上虚假面具生活。在外一戴上面具就是善人，在家一摘下面具就是野兽。

这个世界，唯独家人的爱永远不会变质，那就别让自己的性格兴风作浪，要用温柔对待这独一无二的爱。

别把自己的快乐建立在父母的忧虑上

请认真做好自己，因为在遥远的地方有人正牵挂着你。

1

曾经有个临近大学毕业的读者给我留言，说他家里情况很糟糕，父母年轻时候做过苦力，到了岁数小毛病也慢慢滋生出来，自己不清楚毕业后该不该出去闯荡。

我回复了他，只要不把快乐建立在父母的痛苦之上就行。

后来我得知他并没有进入大城市工作，而是选择陪在父母身边，日子倒是也过得很如意。

有些时候，我们迫不得已选择做出一些事情，但不要让自己的行为迫使父母提心吊胆，也不要因为父母的担心而放弃拼搏的心。

很多时候，我们总想要脱离父母的束缚，想漂流在外拼搏一把，但要根据实际情况来判断自己是不是适合远游。

在一次同学聚会中，我见到了一位曾经留学的同学，很佩服他有勇气只身一人在国外生活，也佩服他如今拥有的事业。

我跟同学说，当初要是自己也珍惜机会，说不定也能生活在国外。

但那同学沉默了半天，喝了口酒就哭了。原来在他出国后，家中瘫痪的老爸去世了，所有人都瞒着他，因为机票贵，留学的钱是好不容易积攒下来的，家人不想让他花费太多的钱回国，希望他在外能好好发展。

于是几年里，他老妈一直谎称他爸住院，他也怀疑过有问题，最后从朋友口中套出了话才知道真相。

他说，有些时候我们也不要总顾着自己奔走，别忘了家中还有牵挂我们的父母。

听了他的故事，在场的许多人眼眶都湿润了。因为来宴会的人，都是从一毕业就开始了远游的日子，在陌生的异乡不停地追逐梦想，却忘了给亲情留出一条缝隙。

孔夫子曾经说过："父母在，不远游，游必有方。"我们既要考虑到父母也要为了生活在远方奔走，矛盾也随之而来。许多人会认为，做孩子的不陪在父母身边，就是不孝。

但游子拼搏的原因往往是不想步父母的后尘，我们不是父母的翻版，远游和不孝没有必然的关系。

去年过年回到家，亲戚朋友都在场，我舅舅就跟我说，有时间多陪陪你爸妈，他们很想你。

那时候我根本没有任何的感觉，本就在外学习，难道去提升自己的能力不是值得骄傲的事情吗？

可是自己踏上写作的这条路后，和父母见面的机会就更少了，他们总会牵肠挂肚地思念我。

有一次我从杭州飞回青岛，因工作压力大，熬夜和营养不良的原因，一回到家便病倒了。父母很担心我会有其他疾病，连续三天带我跑遍全市的医院，各种体检都不放过。

病好后，我订完机票准备离开，我妈哭红了眼告诉我，你别走了，我找人帮你算命了，你根本没有出息。

听到那句话我顿时火冒三丈，在我事业发展期竟然能说出如此打击我的话，我心里也抑郁了不少，就连在飞机上都在反复回忆这句话，但又想若是自己真的不行，为何还会有人那么支持我？

后来我跟我爸通话，他无意间说露了馅，原来我妈说的全都是骗我的话，但我爸又说，要是在外面实在混不下去，随时回家，家中大门始终为你敞开，要是没钱了就问家里要，我们都能赚钱。

听到后面的话，我心情难以平复，觉得自己长大了也不让人省心，父母还一直担心我的生活，还想要用他们的钱来帮我维持生活。

从那之后，我总会把部分稿费打进我爸的支付宝，也时常在朋友圈告诉他们，我生活得的确很好，并没有整日吃着泡面和香肠，不停地熬夜搞创作。

我们的远游是为了梦想，但别把时间都送给别人，给亲情留出一条缝隙，我们不能自私地成全自己却牺牲父母。

我们吃苦受累就是为了让家人活得轻松。长大后的我们，别再把那份不容易积压在父母的身上。

2

很多时候我们都会纠结在“父母在，不远游”和“好男儿志在四方”两句话中，难以选择，不知该远离父母还是生活在他们身边。

但“父母在，不远游”后面还有句，“游必有方”。根据个人情况去做抉择才重要，父母真的到了需要你陪伴的地步，就别犹豫，留下来陪他们好了，毕竟这辈子也没多少时间陪着他们说说话。

当你父母到了享受天伦之乐的年龄，你还在外漂流，对他们不闻不问，让他们过空巢老人的生活，那便是不孝。

似乎这世界，陪伴已经成了奢侈品。我们没有太多的时间去陪伴父母，有些人也在稀里糊涂地活着，而你远游是为了不想放弃的梦想，是为了让父母减轻压力，唯独这些你不能辜负。

往往我们背起行囊是为了见识外面的世界，是为了有个更好的机会展现自己，在梦想的催促下不得不背井离乡去奔跑。

而有时候放弃远游并不是因为父母，是没有闯荡的勇气，是不想吃苦受罪，又怕没有任何的成绩而遭受嘲笑。

有时候我们的努力是为了那些梦寐以求的东西，但有些事情却怎么也改变不了，比如父母逐渐老去的容颜。

别浪费了青春又搭上亲情，想努力就该用心走下去。

当你远游异乡，唯有认真对待梦想，才能对得起父母的牵挂。

真正喜欢你的人，总会因爱而迁就

爱你的人会包容你的无理取闹，不会因小事斤斤计较。

1

感情这东西真的可怕，稍不留神就会让心留下伤疤，但真正爱你的人从一开始就将爱表现得淋漓尽致，完全不藏不掖，即便小打小闹也会温柔相待。

我身边就有两小无猜的朋友，而且这一对情侣始终保持着爱情的新鲜感，而他们维持关系的秘诀就是：不因为小事计较，不因杂事吵闹，以平和心化解危机，宁可迁就也不争吵。

在他们公布爱情后，我们都喜欢称呼他们为面包小姐和牛奶先生，认为他们郎才女貌天造地设，用面包和牛奶才能衬托出他们的般配程度。

面包小姐比牛奶先生年纪小，脾气古怪，时常无缘无故发脾气，许多同学还认为肯定会闹笑话，可牛奶先生总表现出“懦夫样”，不怒不气地迁就着，危机也就随着一方的迁就而化解。

在恋爱初期，面包小姐总认为别人家的男友是好的，时常吵闹着让牛奶先生多学习别人，多花点心思讨好女友，可经济能力并不强的牛奶先生是无法满足面包小姐的。

本以为这感情会因为金钱这个坎无法继续，可后来一件小事触动了面包小姐的心。

恋爱第一年，面包小姐在嫉妒和比较中，患上了无理取闹的“公主病”，还时常用金钱衡量爱情。有次生日的前几天，面包小姐带着牛奶先生去商场柜台，指着银饰手链吵闹着要买，可牛奶先生并没有能力支付，因此关系闹得很僵。

而这之后，牛奶先生去尝试过做兼职，帮人跑腿，还借了钱要去购买手链。

原本准备找新男友的面包小姐，无意中见到辛苦卖力的牛奶先生，她很好奇就通过别人了解情况，当得知牛奶先生是为了满足她的物质需求时，才意识到错误，向他道了歉，也尝试着改掉了虚荣的小毛病。

在愿意尝试体谅的爱情中，这份能够互相迁就的爱走了六年，也随着教堂的交响乐变成了婚姻。

这样的爱情，在我们外人眼中格外感人，毕竟现在的恋爱就像是吃快餐，消费了、享受了也就要走人了。

但认真去爱的人，都有一个特点，相爱的时候愿意卑微着迁就，分手的时候哭得撕心裂肺，这两种情况都是因为用情太深。

愿意迁就你，即便你无理取闹也会试图化解危机的人，就是真正爱你的人。

2

爱情有“七年之痒”之说，感情是有试用期的，一旦有人累了就会想方设法退出。

去年在机场等待乘机时，便目睹了笑着来哭着去的情侣，起因是双方意见不合。

原本女孩觉得离起飞还有一个多小时，没有任何耐心等待的她想去星巴克喝咖啡。叫男友一同前去时，却无人回应。这一看才发现男友一直在低头玩手游，气愤的她直接夺过手机翻脸就开骂，同样男方也表现得气势逼人，双方持续了半小时的吵闹。

其间，女孩一直在数落男友的坏毛病，说他总爱打架从来不去改变。而男友也不甘示弱，同时指责女的有多么懒惰，而且依赖性太强，从不能自己主动做一件事。

最终，女的一气之下喊道，“要是不喜欢完全可以分手”，而男方也喊道，“早就看不惯了”。从秀恩爱到分手只因一场吵闹，这两个人对待对方都格外直爽，没有任何一人冷静下来化解危机，估计日常中的吵闹也是数不胜数。

有人说，感情这东西真的很不靠谱，说分手就分手，但那多半因为爱得不够，可若是因小事互不迁就，都硬着脾气互相责备，那即便再稳固的感情也会破裂。

总有感情随小事产生的危机而破裂，总有情侣因小事积压的矛盾而分开。爱情最好的样子不是时时刻刻秀恩爱，而是彼此懂得又能互相迁就。

每个人身上都存有少量的恶习，假若我们总去无限放大对方的缺点，总爱斤斤计较，那爱情的根基始终是无法牢固的。

3

在电视剧《恋爱真美》中曾出现这样的感情，女主徐梓琳大大咧咧像个男人婆，当男主夏利宾发现自己对徐梓琳是真爱后，也不管她是不是脾气暴躁甚至野蛮，还是爱上了她。

真正爱你的人并不会计较你的缺点，而是总能随着爱学会迁就，尝试着接受。

根据目前的离婚情况来看，大部分的人是因为脾气不合而离婚，大概就是无法迁就和理解对方的毛病，婚后才有了后悔的心思，但走到白了头的老夫老妻，也并不是从未吵过架，只是有一方选择了忍让，才维持了感情。

小时候，我家附近就住着一对恩爱的老人，妻子有心脏病和哮喘，冬天稍冷就会犯病。但丈夫从不介意，生活起居照顾得极为贴心，后来丈夫因疾病去世，妻子也在他去世一个月后离开了人间。再对比另一对邻居，丈夫时不时因小事同妻子吵闹，平日总喜欢挑刺儿，妻子却选择了迁就，两人感情倒也算稳定。而妻子去世才半个月，丈夫便大张旗鼓地宣称要找老伴，这大概就是从不把爱当回事儿的人。

感情中，总有怒气冲冲撒野的时候，真爱的会选择迁就，不爱的也许会就此别过。感情本就是如此简单，真正爱一个人，不会厌烦其性格，不会嘲笑其缺点，更不会计较其毛病。

能够真正爱下去的，不会是那种唇枪舌战的情侣，能长久的总是愿意迁就彼此的。迁就不代表懦弱，而是智慧，是维护关系的药方，能化危机为转机。

如果碰到一个愿意为爱迁就的人，那就付出真心吧！

从你的世界离开的人，都是该离开的

有人离开才显得留下的人重要。

1

我有个多愁善感的朋友，她是个导游。去年夏天莫名其妙地发来一段话，说为什么这世界总在上演分离，难不成一群人就没办法永远不分开？我们谁都留恋相处很久的朋友，若有一天他们离开，我们会浑身难受，有没有办法解决？

我告诉她，这世界总有要离开你的人，但是想从你世界离开的，都是应该离开的。

这样的话又引得她不解，她给我贴上了一个无情的标签，还声称人要是真的想要在一起，就不怕遭到分离。

后来她在秋天就谈恋爱了，过程短暂，简直能够用快餐式恋爱形容。那男生也不过是在寂寞的时候找她打发时间而已。她找到我哭着喊，是不是自己做得不够好，才会导致这场恋爱以悲剧收场？

朋友说，这场恋爱就是草率，是匆匆地爱上又匆匆地分手。

两人相识在微信的摇一摇，互相加为好友后就觉得志趣相投，一聊就摩擦出了火花，互相深入地了解了对方的信息，她清楚他刚失恋，而她也决心做慰藉他的那个女人，试图带他走出失恋的阴霾。

对方是个花言巧语的人，跟女人说话总有一套，简直就是移动中的恋爱宝典，朋友也没注意这一方面。她对男方格外疼爱，只要他说要吸烟，她能快速找到打火机，他要喝水她能跑到超市买饮料，可即便做得再好也没能感动他。

交往 50 多天的时候，朋友跟旅游团去了苏州一周，等旅程一结束便跑去看男友，可是房东却说前几天他刚搬走。

这一消息也让她双腿发软，等大脑清醒才想到打电话质问情况，可传来的却是机械的关机提醒。她便把罪揽在自己身上，觉得都是因平日的疏忽，才导致了男友的默默离开。

失落的她便走回家，在自家门口发现了一张小纸条，上面是男友写的几个字：忘了吧，我又开始新生活了。

从恋爱到分手，经历了短暂的 50 多天，虽然有过甜蜜但留下的更是让人心疼不已的结局。

朋友问我，怎么让一个人看上去更值得被爱，我又重新说了一遍那句话：这世界总有要离开你的人，但是想从你世界离开的，都是应该离开的。

生活中，每时每刻都在上演着离别和被离别。想要从你世界离开的那种人，都是蓄谋已久，明知会有一日离开的，即便挽留的话说再多，对于死心塌地的人都是无动于衷，所以这种人就是该离开的，留下来会让伤害更惨重。

喜欢你的人和厌倦你的人，来了又去，去了又来，没有任何限制。

2

前几日在小区里遇到一位老人，他声称自己曾是某小企业的老板，如今过着清闲的日子，家业都给了儿子。在交流的时候他还表示，自己一直都喜欢和人交朋友，不过就在几十年前发生了一件铭心刻骨的事。

公司扩大生产规模的那年，他提拔了部分老员工，其中有一位 H 先生就是他看着成长起来的老员工。而且 H 先生干活努力从不抱怨，各个方面都能受到信任，公司有很多事都交由他去完成，一是领导放心，二是为了锻炼 H 的能力。可就在他准备提拔 H 先生为总经理时，公司内部乱了。

原来 H 先生趁着他出差的工夫，公然背叛，还想要挖墙脚，公司新员工受他鼓动就搞内乱，一时间把整个公司搞得人心惶惶，若不是秘书告知他，还真不清楚公司会出这么大的事，气愤的他忍痛辞掉了 H 先生。

虽说公司在整治后也没受多大影响，但是自那件事后，他用人都格外严谨，生怕再出现第二个 H 先生。老人坦然地说，事到如今，虽然不想追究责任，但依旧对 H 先生的所作所为怀恨在心。

说话再好听的人，心中也可能装有骂人的话；说话总吐脏话的人，也可能存有一颗善良的心。人心难测，工作做得再好，也避免不了野心太大。

其实现实就是如此，很多人当面称你为朋友，背后却爱计较，甚至背叛和出卖，这种人留在身边终究会酿成大祸，不如趁早与之结束关系。

总有几个人，围绕着我们像是有福同享有难同当的好兄弟，可当时机成熟或者危险来临，先走的终是这群虚伪的人，但也只有他们离开，才会显出留下的人有多重要。

3

看过一期情感类的综艺节目，时常出现几个惊心动魄的案例，我还记得之前有个嘉宾声称自己遭到了老乡的诈骗。

整个过程很可怕，毕竟是熟人下手，两个当事人是早就拥有信任关系的。嘉宾说，他和这朋友是在陌生城市打工相识，由于是老乡就觉得要互相扶持，有什么困难都帮助一下。他的朋友是个年轻小伙子，初中毕业又涉世未深，倒是让他这个做叔叔的有些心疼。

出于同情和对同乡人的感情，他几乎有好吃的就留点给他，从地摊买衣服也不忘老乡，但万万没想到，一年后就出了事。

由于年底小老乡没发多少钱，便找他借钱用，其实他也舍不得，辛苦攒了一年的钱就等着过年回去炫耀一番，这要是真借出去自己又得拮据地生活。原本是不想借的，可是老乡低声下气，着实可怜，无奈的他心一软就借了。

同时返乡的途中，不料老乡在半途下了车，回家又了解到其实这一家早就搬走了，他这才悔恨不已。节目中他喊道，要是这老乡有点良心，看了节目就回来，他权当这件事从未发生过。

其实结局可想而知，大概他的老乡也看不到节目，更别说什么还钱了。

任何关系中，都要分清距离，并不是长时间相处的就不会背叛，人心总是难测的。

大概谁都遭遇过背叛，毕竟人心都有可怕的一面，当失去后，也别因为失去而被牵绊忘记生活，毕竟经历后才能看清现实。

任何事，看不清就会受伤，看透了还是受伤，生活过得半迷糊半清醒就行。

4

无论谁路过我们的世界，又不打招呼地离开，生活也不会受到影响，依旧继续着。

在友情或爱情中，真正爱我们的人，不会不作声地离开，不会因利益背叛，无论吵架还是因小摩擦产生了皮肉伤，懂得珍惜我们的都不会离开。只有那些虚伪的人会在第一时间无声无息地走掉，倒是有了这群人才让我们明白谁轻谁重。

既然选择离开，那就别说再见，他们只是从我们的世界路过而已。

有一句话说得好：喜则留，厌则走，多说一句都是求。既然选择了离开，就别再打扰对方，毕竟从此不再联系也算是一种原则。我始终相信，从我们的世界主动离开的人，不值得强留，留下还可能发生背叛和伤害。这种人，即便我们用千百个理由挽回，他只用一个理由就能拒绝。

人生有走不完的路，也有见不完的人，对于选择离开我们的人，就别再为了挽留而去过分热情了。即便是他回了头，也还会有把你伤得体无完肤的时候。

一个人若想从你的世界离开，全世界也无法阻挡他。

有些人一见就喜欢，但一接触就生厌

一个有教养的人，是不会通过外貌来判断别人的。

1

看过这么一段话：漂亮和身材是决定我想不想了解你思想的前提，而思想是我决定要不要一票否决你漂亮和身材的关键。

一个读者就跟我讲过一件让她遭受侮辱又有些不齿的事。

恋爱的年纪，E 小姐忍受不住孤独的日子，看着周围的人都成双成对，便想要找个能够托付一生的男人。她几次在朋友圈征婚后，就成功配对了闺密的好朋友，对方堪称是“校草”，全身洋溢着青春的气息，就像是韩国偶像剧中的人物，想到他的样子就让 E 小姐心动不已。

两个人约好了见面，对方穿着一身帅气的西装，E 小姐一见就红了脸，她觉得这样的白马王子，若是能跟自己厮守一生，该是多幸运的事。可表面上的谦谦公子，一开口就完全“破了功”。

吃饭的时候，对方明着说出 E 小姐所有的毛病，指责她拿筷子错误，吃相不太优雅，还要亲自教 E 小姐怎么做。这可把 E 小姐气得要哭了，她长这么大还真没被外人说过，况且还是首次见面的人。

可 E 小姐居然忍气吞声作罢了，于是二人吃了顿饭，便一拍即合，确立了男女朋友关系。

但是即便如此，两人也没有时常联系。不是没联系过，而是 E 小姐非常害怕跟男生说话，每次她都要被指责几句，似乎男生把说别人当成了快乐。

有一次 E 小姐要去参加聚会，顺便也叫上了男生，她觉得露脸的机会到了，怎么也得让朋友们见识一下这个帅男友。可没承想，男生在聚会上有些苛刻，说的话不太中听，聚会到了一半就被 E 小姐拉了出去。

两个人冷战了一段日子后，E 小姐心血来潮，想要给男生买块手表作为礼物，也算是和解，但礼物买到了，男生却成了别人的男友。

再遇见的时候，男生还说了很多伤人的话。

这让 E 小姐瞬间绝望，她认为这是自找的，她从一开始聊天时就有过厌恶感，可是思想还在帮忙辩解，说那些只是无意识的伤害。

有些人的确长相惹人喜欢，可等到一说话就让人厌恶，而且越听越烦。教养不是从脸就能看出来的，丑陋的人内心善良同样也美，美丽的人内心毒辣就是丑陋。

2

朋友在公司出了点事，因为一个项目被搞砸，就把气撒在了另一个朋友身上。其实二人私底下的关系非常铁，这样的发泄也不为过，也就是简单地对骂几句，把责任推卸一下，宣泄一下情绪而已。

在其他同事看来，两个人在办公室里吵得非常凶，就像是要打起来了。同事害怕真出事就拉开了两人，朋友出去吸烟的工夫，却有人当着他那位朋友的面说三道四，搬弄是非，说了许多诋毁他的话。

职场这地方本身就水深，优秀的人是最容易遭到嫉妒，也是最容易被人添加罪名的，被人背后说几句要尝试着去理解原谅。

可是背地里说坏话的这人，并不清楚他们之间的交情之深，还把话说得滴水不漏，没有任何破绽，这一来大家都看清了他的人品。

朋友告诉我，那个背地里说他坏话的人，估计到离职的时候都不清楚是怎么被辞退的。他看似老实，没想到十分虚伪。其实背地里说的话并没有惹怒朋友，他觉得大不了就是防范着点而已，可是那人野心大，竟盯着总经理秘书的位置，时常造谣说总经理和秘书有着不明不白的关系，却不料被人拆穿，终被辞退。

其实，喜欢挑拨离间、搬弄是非的人都是有心理疾病的，往往这种人是出于嫉妒才去抹黑别人，只因见不得别人好过。

人并不是以坑害别人为手段就能成功。

在社会上生存，可以去理解搬弄是非的人，却不能靠近这种人，他们总有一天会迫害到我们身上。有的人总是装出一副让人喜爱的模样，看上去平易近人，一开口就暴露了自己虚伪的心。如果遇到这类人，别花费心思在他们身上，即便我们尽力讨好，他们也有不知足的时候。

总有人喜欢做唯利是图、两面三刀的人，但虚伪不会凭借着虚假的成就变得真实，喜欢搬弄是非的人只不过是躲在黑暗中，企图谋取利益或以此为乐的坏人而已。

做人别装出一副好看的模样，做着虚情假意的事或者说着不中听的话。

3

生活中总有些人是我们意料之外的，似乎他们的情商和颜值成反比。

我在上初中的时候就遇到一位“神补刀”的同学，我们暂且称呼她为丫丫。她上学的时候是被人称为“负能量女神”的，用女神这个词是由于她长相“呆萌”可爱，说负能量是由于她情商低，她的话总会让人不寒而栗，可她却总认为那是一种幽默，因此跟半个班级的人结了仇。

她听到好话总要反驳几句。我记得之前在和同学比谁白谁黑的时候，大家都羡慕丫丫的皮肤滑嫩白皙，她却耸耸肩膀反击说自己不白，同学们还在坚持，没想到丫丫突然抛出一句话，我是跟你们比较才显得白，此话一说，在场的人都沉默了。

这还不是她最经典的事件，一次放学见到同桌躲在厕所里哭，好奇的她就想去问个究竟，于是同桌把自己被甩的事和对方糟糕的品行告诉了她，丫丫却擦着同桌的眼泪说，别哭了，你本来就很丑也没人爱你，这一哭更丑了。

我们的语文老师是从小学调来任教的，这件事我们都了解，但也不会去提，毕竟老师各方面都优秀，待人和蔼可亲，大部分同学对他都很尊敬。在一节语文上，老师迟迟没来，等到赶来后就和同学们道歉，解释说是有事去了那边，也没说得很清楚，可丫丫就突然来了句，是去你之前教的小学解决问题吗？

我们目睹着老师的脸从晴天变成阴天，一堂课都没振作起来。

说话一定要经过思考，对不同的人要用不同的方式，并不是谁都喜欢听客套话，也并不是谁都能承受过分的玩笑。不会说话就尽量别说。

说话是最能体现一个人教养的，往往一句好话可能让你受益一时，一句脏话会被人仇恨一世。

长得好看的人就像是一道风景线，谁见谁喜欢，可是话不堪入耳就是风景线的垃圾，谁听到都会没了心情。

忍不住的冲动，最终会害自己

自控能力低的人最终会害了自己。

1

我有个写作的朋友，妙笔生花，才华横溢，但并非是柔情的翩翩公子，而是脾气暴躁的恶魔。在去年就因发牢骚而惊动了公司，也遭到了封杀。

事情是这样的，他是名靠网文收入为生的写手，签约在某家大网站，有段日子公司换了编辑，因为是新编辑，造成了旗下写手闹事，轰动了网文圈。

在写手们眼中，一个没有任何经验，又不懂得写作的人算什么编辑？事情闹得越来越凶，编辑更是冷漠对待闹事的人。朋友觉得自己算是老写手了，忍不住就跟新编辑对骂起来，指责对方并没有资格做编辑，还想要搞反动，试图联合其他的写手一起“断更”。

本来他是胜券在握，觉得自己定能引起公司大佬的关注，可没承想反倒自己出了事，而当初表明立场的人，并没有跟他站在同一战线上。

这场闹剧唯独他成了受害者，之后他打来电话告诉我说，自己这几年一生气就不可理喻，总忍不住想发脾气，无论事情大小，丝毫不去考虑后果。

做事千万别被假象迷惑，先了解到真相再做决定，毕竟枪打出头鸟。

当我们没有理由地“理直气壮”时，妨碍不了别人什么，只能让自己遭殃。

一时忍不住发脾气，肯定有后悔莫及的时候。

2

临近高考的日子，很多同学都累得虚脱，还是不想浪费时间，甚至连上个厕所也不想闲着。在那种压力下，就差把题挂在脖子上，做梦也要看几道往年高考题。

但有努力的人也会有偷懒的人，我所在的班级就有个人精，性格完全就像是《欢乐颂》中的曲筱绡，一旦活跃起来就像是要大闹天宫，很多学习用功的人都躲避她，生怕受她影响。

这个人精并不喜欢念书，觉得自己满脑子里都是知识，这一生也并不是都能用上，猴精的她就发明了多种偷懒方式，例如用笔撑着脸就能熟睡过去，发呆的时候盯着电视机，能够反射出后门偷看的老师。

她这人有个特点，喜欢睡觉，一觉得困就要睡觉，所以高三的日子都是睡过去的。她也曾因为睡觉被抓过，但她倔脾气一上来就反击说，既然忍不住了，何必要强撑着不去让大脑休息？

后来高考成绩一出来她就后悔莫及，觉得人生全都毁在了睡觉中。

想起这件事，我不得不说说最近看到的故事。

有个刚毕业的小伙子，从外貌上看精神抖擞，穿着也体面，问候别人和做事都是彬彬有礼，公司老员工觉得这种“暖男”气质的人肯定有涵养，做事也让人放心。

他在被公司作为重点发展对象的时候，也被安排了一个任务，去广东地区考察市场，顺便每天写一份调查报告递交公司。这小伙子觉得有空子可钻，以为不被公司约束就能为所欲为，尽情享受。

刚去考察的几天，他也能按时交给公司报告书，可几天后，他不仅赖上了床，而且一起床就跑去外面吃吃喝喝，觉得生活就要潇洒才能精彩。

等狂欢后他才记起没完成任务，便慌张地跑到百度上搜集了几篇资料，还撰写了多份，以为能够蒙混过关，可没承想还是没能逃过上级的火眼金睛，因文档中深圳一词并未改成广州，公司就派人前去检查其工作状况。

被发现时，他还在夜店狂欢，并没有履行考察市场的职责，最终被解雇。

偷懒的人很多，严格控制自己的不良行为，是对自己负责。

谁都想过要慵懒地度过一生，可现实并不允许，只要稍有些止步，就等于向失败靠近一步。

喜欢偷懒，忍不住偷懒，既麻痹了自己，也让自己染上越来越懒惰的毛病。

忍不住偷懒时，是别人超越你的最佳时机。

3

在一次家庭聚餐中，大家把聚点都集中在许久未露面的表姐身上。七大姑八大姨就对感情的事情很上心，非要问出个情况。

表姐接近 30 岁，自始至终都没透露过感情方面的事，这次聚会见到大家都急不可待，才讲起前男友的事。

两人待在一起一年多，上个月刚结束了恋情，原因就是表姐平白无故地发脾气，男方从开始宠爱娇惯到最后变得厌烦，两人实在是撑不下去了，就吵了一架各奔东西了。

其实表姐是个很懂事的女人，而男方也算是安分守己，可表姐实在是深爱着对方，让爱变成了作，于是她不再懂事，说话越来越难听，两个人稍有点小事就翻脸，她只要稍抓住点男方的小失误就得理不饶人。

分手前，因为一条陌生人的信息，表姐开启了唠叨模式，理直气壮地指控对方出轨，还打电话过去骂得对方狗血喷头，人家弱弱地说了句，是发错号码了，她尴尬至极却不道歉，明知错了也不想去低头认罪。

所有的作都在减少彼此的好感度，男朋友也逐渐对她有些冷漠，她更加疑神疑鬼，还偷偷尾随男友想去查个究竟，反而被识破。堵住她的时候，表姐粗嗓门地跟男友吵闹起来，对方珍惜彼此感情，哄了几句她情绪才稳定。

可这样的情况接二连三地发生，表姐实在是改不掉作的毛病，对方无奈就放开了手。

表姐说，若不是自己不懂分寸和克制，双方或许能牵手走进教堂。

再美的事，被冲动打扰，也就成了不完美。

面对感情，我们的所作所为都在影响着双方关系，我们无法控制另一方的情感变动，但也要本着尊重理解的态度与其相爱，莫因为忍不住的冲动毁掉了情感。

4

在忍不住时发生的伤害，最终受害的恰好是自己。

职场中我们有脾气，一忍不住就会肆意发泄，被上级指责几句就想甩脸拍桌子走人，被同事造谣就争执不休。生活中也存有许多的忍不住，一遇事就冲动，伤了别人也害了自己。见到别人拥有好东西就喜欢，忍不住想要偷来占为己有，诱惑面前，总是抵挡不住，不知不觉就会向犯错靠拢。

许许多多的案例表明，一时产生的冲动，会让自己大脑糊涂到什么都不懂，在“不知情”的情况下犯了错。

无论涉世未深的年轻人，还是职场中遭受训斥的员工，无论是私心太强的小偷，还是因受不住辛苦而偷懒的学生，只要一冲动就成千古恨，抱憾终身。

在忍不住时犯的错，轻者会被原谅，重者会断送前程。

生活理性一些，做事三思而后行，后悔莫及的事情就会少一些。

总之，忍不住的冲动，不只会伤害别人，还会毁掉自己。

第三章

年轻时，别把世界看错了

你活在别人眼里应该很累吧

一直活在别人眼里的人，别妄自菲薄了，或许你比他们所看到的更优秀。

1

两年前，朋友德胜是个极为拼命的人，在我的眼中他就像是台发动机，一旦启动就没办法再停下。

起初，大部分人不懂他这样去做的目的，毕竟德胜是个大学生，家中也并不缺钱花，而他却把大把时间贡献到了工作中，谁劝都没有作用。

考虑到他是个死心眼，我还嘱咐他要是觉得工作就是你的唯一，那么你就把生命的最好时光挥霍在其中算了，被我念叨了几句话他就委屈地撇撇嘴，还反问我，年轻人不都如此？

议论了片刻，通过详细的沟通才得知，原来德胜是因为家里的一句话才拼命干活的。他爸是个老顽固，用老思想教育德胜：一定要活出一个样子给家里人看。德胜将这句话视为座右铭，就想在别人眼中活得精彩些，不成为别人议论的对象。

大约持续了半年时间，德胜受不了压力就退出了这场家族对比大赛，但也落下了颈椎病，一低头脖子就很痛。

生活中有许多人过分重视别人的评价，也不过是为了被人评价“你很牛”。活在别人眼中，只会让自己疲惫不堪。

一个人行不行，并不是靠别人的一句话决定的。

2

临近年关，我从杭州飞回青岛过年，在途中偶然听到一首《新年打脸歌》，对于里面写实的词格外喜欢，总结一句话就是：我的事，关你啥事！

这几年，家庭聚会也成了众多亲戚朋友互相攀比的场合，谁过得好过得差都要被评论几句。也总有些人当面说着安慰的话，背后再出卖别人，导致许多人想活在别人眼中。

我也目睹过许多人就为了活在别人眼中，不惜撒谎掩盖真相的事。我有一个表妹在幼儿园做幼师，工资挺低，过年为了防止被人问来问去，自己打草稿准备了谎话，后来还真派上了用场，面不改色地把话说了出去。

后来她怕露馅儿，一直伪装出工资很高的样子，就怕谎话兜不住。当时我还告诉她，其实也没必要，天底下没有不透风的墙，即便伪装得再好也总有露出破绽的时候，还不如顺其自然，别为了不被人嘲笑累坏了心。

我想每个人都有过类似的情况，一遇到很久未见的亲戚就会被问来问去，还会被拿来和别人做比较，大部分的人也是害怕这种情况，担心自己成为别人看不起的人。

过多的担心一出现，就会成为一种负担，而这种负担完全是自己找的。

我们活着总是太在意别人的看法，甚至过分地改变自己，向着别人想要的样子靠拢，这样的生活不会越来越完美，反而会越来越迷茫。

谁也无法干涉别人的生活，谁也没有权利指责别人的活法，每个人都是独特的，别人的所作所为都和自己无关。

不是别人想看到的样子就是优秀的，或许你现在的优秀只是别人暂时看不到而已。

3

很多人会有一种误解，认为自我感觉良好就能被人看好，会受到更多人的称赞，可现实却并非如此，每个人欣赏的方式不同，自然形成不同的意见。

一年元旦，朋友圈里突然冒出一张“陌生脸”，当时我还在纳闷，一向把控严格的我怎么会有这样的好友，可点开头像才知道，原来那张“网红脸”是我的一个女同学。

印象里的那张大饼脸突然变成了锥子脸，我有些不习惯，还一个劲儿观察到底是什么情况。最后真相是另一位同学告诉我的，他说那位女同学之所以变化如此之大，是花钱整容了。

这样的消息挺让我震惊的，而后我又得知，她整容是为了符合大众欣赏标准，也是为了让她暗恋的男人后悔。

在提醒中我也记起关于这位女同学的故事，她长相算普通，没有特别吓人，仅仅是脸部稍有些大而已。而女同学暗恋我们班长，那时候她比较耿直，有话就会直说，所以向班长浪漫表白过，可惜的是惨遭拒绝，后来她一度沉迷在求美之路上，自认为长相不行。

虽然说，整容后的她五官更为立体，样子也挺漂亮的，但朋友圈里还是有一群人说难看。后来有个小道消息称，女同学在交友平台上认识了一个男人，见了面后又被指责说长得难看。

俗话说，萝卜青菜各有所爱，每个人都有自己的欣赏标准，而作为被参观的对象，千万别对别人的话太较真儿。你要知道，我们活着是为了自己。

许多人总是难以把握自己，往往把别人的话当成真理，沉醉其中又难以逃脱，久而久之就变成了别人话中的模样。

4

现在的人，一做事就要顾及别人的感受，过分地去考虑影响，害怕牵连别人又在别人眼里留下坏印象，可是谨慎生活的你，难道不觉得很累吗?

人活着是为自己，并不是在别人眼中活出精彩的样子就会得到掌声。

谁都有自己的生活，也都有自己的活法，而过分在意别人的看法，就像是为自己戴上了枷锁，最终会活成别人的样子而失去了原先的模样。

每个人做事做人都不可能不被说几句，我们无法阻止别人背后的言论，所以活着就别管别人怎么去看，毕竟你就是你，即便被说三道四也还要坚强地活下去。

想要被人认可，首先做事就要做到自己满意，而不是为了讨好别人而去变成别人说的样子。

被别人的情绪所左右，就像受到牢狱之灾，只有等到想通了才算是刑满了。

活着，不要活在别人的眼里，无论我们荣华富贵还是贫穷潦倒，都不关别人的事。

你活在别人眼里，应该挺累的吧?

你努力地去合群，其实只是在浪费时间

在不必要的圈子中努力合群，就是颓废的开始。

1

表弟鹏鹏突然打来电话，说是晚上准备约上我来场游戏对战，他说话时语速很快，听得出他很是着急。他给我的理由是同学要出门拿个快递，一时半会儿也不能回来，四缺一的局，他又信任我的游戏技术，所以才让我代替玩一小会儿。

想到他自从上了大学就跟我没多少联系，我就勉为其难地答应了，反正一会儿的时间还是能够挤出来的。

可后来，等了许久都没有见到有人接替我继续玩游戏，本来我欠着稿子还没有写完，焦急中只好主动问他什么情况，他这才道出真相。原来同学陪人去唱歌，他们宿舍以往都是到了点玩游戏，缺人了就找到我。

听到这一番话，我心里很气愤，又想到表弟描述过的大学生活，我想这几年他荒唐地混日子真的有好处吗?

他曾跟我说，认识了来自五湖四海的人，觉得那群人特别铁，经常互相请客吃饭，还一起躲在宿舍里玩游戏、看电影，谁有事情都互相帮助，遇到打架或是捉弄人大家都会参与。在他看来，大学的日子简直就是自己精彩人生的开始。

表弟上了大学后，浑浑噩噩地过着，除了睡觉就是和那群舍友混在一起，过着放荡的日子，有钱就胡作非为，没钱就共同过着艰苦的日子。

这群人从来不参加任何的活动和社团，更不要说学习。上半学期表弟在宿舍私自用电磁炉做水煮鱼还差点被处分，下半学期他一个舍友喝醉扔碎酒瓶差点伤到无辜学弟，反正大学生活是他们挥霍生命精力的时候。

当初我告诉表弟，大学更多的是提升自己，有这样一段能够独立生活的时间，为何要去做些无用的事情，对自己根本没有任何好处，会害惨自己的。可他并不觉得有什么，说是年轻的时候做点年轻人的事情是正常现象。

或许，当下你无意识的浪费并不会立刻产生影响，却会在你从校园走出来之后，在工作能力中充分体现出来。

曾经的你努力融入圈子，精神慢慢被消磨掉，你也逐渐变得颓废，这一切你都浑然不知。

而那些陪同你一起浪费时光的狐朋狗友，也就成了人生的过客而已，你们并不能继续地愚蠢下去，彼此离开后就会发觉当初的浪费有多么无耻。

以前认为，那些捧着书独来独往，不喜欢和外界交流的人都是傻子，他们骄傲高冷。可这些人做着自己想做的事，往往也成就了更优秀的自己。

他们独处也许是想要找到一个不受打扰的环境，虽然孤独却不断历练内心，在另类的标签下，磨砺自己，改进自己。

而貌似合群的我们，却在不停地考虑他人的想法，迎合取悦别人，变成了讨人喜欢的八面玲珑的虚伪者，把精力和时间也消耗在一群人的身上。最可怕的是，遇到堕落的群体，自己也会逐渐失去斗志和勇气，在随波逐流的日子里荒废时间。

一厢情愿地迎合别人，只会活得很累。不必对每个人都好，谁也不会把你当上帝。

做个特立独行的人未尝不好，至少拥有了大把时光，做了自己喜欢的事情，又历练了能力。

一味想要依靠合群来摆脱孤独，也只会为你的世界添堵，本身生活就有许多麻烦，你又在愚蠢地添油加醋，受伤了也只能你一个人承受。

2

朋友建了作家圈的社交群，拉我入群后，还没到半天时间我就退了出来。他还理直气壮地找到我，非要问出个所以然，并且给我贴上了“高冷”“耍大牌”的标签。

可即便他费尽心思地找着各种理由邀请我重新加入，给出了各种诱惑性的条件，我都无动于衷，那些表面的诱惑对自己都是无用之举。

一个人考虑充分后做出的决定，都是不违心的。

当初进群后，观察半天都没看出是交流经验的圈子，相反“老司机”却一堆堆地出现，贴出几张妖艳的图片，发几个表情包相互调侃，甚至有些不堪入目的照片，一群人围绕一张图片评论……

消停片刻，又会有人甩出一个爆炸性的话题，类似有人骂这个人抄袭成名，骂那个人文笔很烂，骂有些写书人的生活多么“狗血”，一时间全都是“炮轰”。就像他们都是成功者，可以随意批判别人，当别人的导师。

见到如此不堪的一幕，我连考虑都没有就直接选择退群了。

我本身对他们就陌生，一群形形色色的人被召集在一个圈子里，闲着没事就用尖锐的话语批判别人，貌似新鲜却根本没有太多的意义。而与其花着自己的时间跟他们说着无用的话，还不如静下心来慢慢修炼自己。

我把理由告诉朋友，他也觉得有些不妥，说是既然我不喜欢就不再勉强。

大概很多时候如果我们真的交往到很累，也就知道大家根本不是同一条路上的人，道不同不相为谋，何必委屈自己又浪费时间地去接受，最后又为此受累？

我们努力地去找一群人合群，只是自己太孤独，想要见识那些不同性格的人，也或许只是不愿意被人看成另类，以此告诉别人你能够合群，不是孤僻地活着。

但一个圈子成员的品行也会影响到你，近朱者赤，近墨者黑，你交往的是什么人群，你也会很快被贴上那样的标贴，开始走着随大流的路。

很多人会认为，只有合群才会认识更多的人，会积攒大量的人脉，会有更多的人帮助你，也能从中谋取一些利益。但我觉得，认识什么样的人是根据自己的能力决定的，普普通通的打工仔成不了百万富豪的铁哥们。

那些奢望利用合群索取帮助的想法就是个笑话，很多人以个人利益为重，不愿意帮助没有瓜葛的陌生人。

合群意味着要用大量的时间陪一群人兴奋下去，而你的时间也会被挤压得所剩无几，你在担心世界会抛弃你的同时，却在用自己的时间和快乐换取对自己毫无用处的东西，可能得到的仅仅是几个能说得上话的朋友，却不是你个人的成就。

我身边有个会玩音乐的朋友，也算得上是个有点名气的原创歌手，他在灵感爆发期，时常玩人间蒸发，没有任何的消息。他在无声无息中消失，又会悄然无声地出现，有时我还会故意调侃几句，说他去了外星球，有没有劫持外星人回来。

玩笑一过，他就会认真地拿出像样的作品放给我听，看着他得意扬扬的面容，我想他消失的时间是有意义的，至少收获了不少成果。

但凡才华横溢的人都会享受孤独，在孤独中历练，在孤独中成长，吸收养分，积攒能量，等待爆发。

其实很多时候我们都该去闭关修行，就像少林寺的武术，不是瞅一眼就能看会，也不是和一群人讨论动作就能领悟，更多的是需要付出行动。

合群虽然娱悦心理，但孤独也不是坏事。一个人的能力不是通过逛歌舞厅或者参加饭局就能够获取的，那些你所谓的合群其实就是消磨时间而已，因为你孤独，才想要去合群。可是饭局酒宴也只是暂时抚慰你空虚的心，带来的快乐会随着时间一扫而空。

不合群的人往往是那些有成就的人，他们心中有着自己想要的一片天地，喜欢奔着那个方向前进，同时在孤独的环境下，静静思考人生或潜心储蓄能量。

这世界本身就很奇妙，往往那些曾经不起眼、不合群的另类，转眼就成了富豪或者领导。

而你努力地去合群，其实只是在浪费时间。

人不可怕，可怕的是人心

可怕的不是坏人，而是伪装出的假好人。

1

社会的进步往往会导致骗子的手段更高明，骗子都是聪明伶俐的人。

有一条新闻说，某地男子花6万元为女儿找工作被骗。据说是男子认识的熟人欺骗了他，原本是互相信任的人，在金钱面前却成了永远的仇人。

起初这两个人的关系非常好，经常一起吃饭闲聊。对方的工作属于中介，男子认为要是混熟了没准还能给即将毕业的女儿找个好工作。同样对方也答应得非常快，口口声声说全包在他身上。可是事情却并非如此简单。

等到女儿毕业火急火燎地找工作时，他想起曾认识这样一位朋友。于是也没多想便请求帮助，对方慨然允诺，但还是伸手讨要费用，男子被逼迫到无路可走的地步，最终答应了他。

但最可怕的事情是，对方收到钱后就将男子所有的联系方式全拉黑，男子怒气冲冲地想去理论，却不料对方早已逃跑。

长时间的相处都会形成一种信任，有了信任才敢谈合作，但现实中也总有一部分人属于假好人，能做到自圆其说，能令人感到亲切，但却喜欢在不知不觉中捅一刀。

谁也不想被欺骗，毕竟大家都不想毁掉别人在自己心中的形象，也不想失去信赖的人。

2

以前我经常听到一句格外偏激的话："除了你自己，谁也不要相信！"虽说这种说辞有些不受用，但的确，别人的生活跟我们并没有多大的关系，却在影响着我们的日常。

职场上总是存在升职的竞争，这些都是明争暗斗，我们了解对手，所以自然也保持着敌对的心态，在跟对方有着各种接触的时候都会刻意防范，心理上早就做好及时处理危险的准备。

就和我的朋友 H 一样，虽然曾经遭受过敌人的打击，但随着心理逐渐地成熟，有些事情自然已经忘却，吃了一次亏长了记性，同时也会总结出各种经验融入思维里。

而有些时候敌人又是狡猾多变的，常常隐藏在我们周围，戴上面具是英雄，摘下面具是禽兽，他们往往扮演着你最好的朋友，却在你落魄的时候猛地捅上一刀。

朋友间的伤害尤为残忍，原本信任的人却突然亮出锋利的刀刃刺向你，没有任何防范的你就会躺在血泊中，慢慢看着曾经信任的人踩着你在嘲笑，那种难受堪比蒙冤受刑。

人不怕被人针对，就怕信任了伪善的朋友。

3

虚伪的人如同一只沉睡的野兽，一旦醒来后患无穷。

最近有个一百八十线的歌手朋友告诉我，有一支乐队竟然想要和他签约，条件就是他要服从安排，赚的钱分成。朋友想着反正也没什么通告，便爽快地答应了。

后来朋友接了个活动，乐队负责人告诉他只负责唱歌就行，其余的主持或者乐队都有，而他们服务的地方是婚礼现场。于是这位朋友带着激动的心情跟着他们去参加演出，一群人在舞台上各展所长，这朋友唱得也尽兴，鲜花一朵朵地送来，但结束后双方都不开心。

原来是因为乐队只拿出了一百块给他，甚至连回去的车费都需要朋友自己负责，双方因此事当场闹翻。朋友觉得受到了侮辱，就直接解除了合作关系。

总有人喜欢视别人为傻瓜，总想乘人之危图谋不轨，可即便伪装得再真，也总会露出破绽。

人与人相处无须戴上面具，否则时间一长自己也会憋死。

4

没有永远的朋友，有些人如流水般来了又走，生活中也不缺少小人，不论情谊多深都能下狠手。

经常受到小人欺压的人，是因为能力太强才引人注目，那些平庸无奇的人，没人愿意处心积虑地打压。

而我们能力一旦变强，自然会招惹是非，经常遇到一些人故意挑事，但他们嫉妒的原因是没有你那么有本事。

之前在某机构工作的时候，我就曾被人排挤，而且是比较熟的人下的毒手。那时候我精力旺盛，工作积极，因为能力突出，又表现优异，地位也被抬得很高。人一旦焕发光彩，就会有人看不惯，他们不但心胸狭窄地嫉妒别人，还利用职务去故意刁难。

遭受到排挤的我处处被打压，忍无可忍的时候便选择互相伤害。然而没有任何准备，冲动地去挑战敌人，也会导致自己伤痕累累。

所以对待一个伤你的人，最好加强防范。

身边的人突然变坏我们也防不胜防，但人生本就残酷，人性本就多变，一旦涉及利益，难免产生矛盾。

那些拥有心机的人并不可怕，可怕的是突然变成敌人的朋友。

做人，容得下生命不完美也经得起世事颠簸

所有人生愁苦，都如过眼云烟。

1

小时候看到残疾人总会无知地嘲笑，长大后见到残疾人会有些心痛。虽然有少数人会把别人的短处当成笑话，但还是有很多人理解别人不完美的苦衷。

几个月前，我陪同哥哥看望老战友，据说是武装维护过程中受伤的战士。在一次执行抓捕行动中，他冲锋在前，可不料被人反捅一刀，最后割断手臂筋，所幸及时抢救挽回一条命。

养好伤回到部队，他发现左手臂不能轻松自如地工作，于是只能遗憾地申请退伍。

见到本人的时候，他忙得不亦乐乎，他在今年开了家老兵饭店，销售额也在日益提升。可是据他本人诉苦，三十多岁了事业才有所起色，之前的生活简直惨不忍睹。

拿着退伍金和补贴，自己想做点小本生意，可是钱都赔光了，还添了不少的债务，本来自己有着残缺的手臂已经够烦了，接二

连三的苦恼还不停地找上门，亲人劝告他找份正经工作不要瞎想，朋友也开始远离他，生怕他借钱。

他曾经想过放弃这一生，但又觉得这样对不起父母，就荒唐地度过了几年。

人这一生有着无数小烦恼，笑能释然，哭能减压，哭过笑过后还要继续前行。

他说人生似乎就是跟他过不去，麻烦事一件接一件，好像生活就没有消停过。社会本身就很现实，许多人看重的也并非是你的为人，而是你的背景。

在困扰了几年后，眼见父母白发苍苍，孩子能够咿呀学语，他重新开启了自己的创业时代，没想到这一闯荡还真的见到了成效。

回去的路上，我不停地幻想这个人所经历的沧桑变故，顿时觉得他就是人们眼中那块不起眼的碎石，在风雨之后亮出了包裹在里面的金子。

2

从哭声开始，在笑声中度过，以泪水终结，人的一生充满了喜怒哀乐。

一个人只要活着就要经历风风雨雨，我们的生命中总有许多不完美，生活中却有着许多有趣的体验，为何偏偏只看到短处，而望不见光明的生活。

朋友圈经常有人抱怨生活，随手点个赞还要被称作是幸灾乐祸。我就在想，既然你那么苦恼，还有心思发个动态让别人知道，那么你也不是真正的难受。那些平日吐槽生活的人，只是没有勇气面对而已。

谁都在祈求幸福，想要平平稳稳地度过一生，可惜老天不会随意让你成功，天底下哪有可以轻松办到的事情？

其实，你只有经历了才会懂得，生活没有模板，没有千篇一律的人生。

有些人因为事业的失败，成了缩头乌龟，就怕别人嘲笑他是失败者，虽然人这一生为了名利追逐，想看遍繁花似锦的世界，想要功成名就双丰收，可是世事纷争，沧海桑田，生活总有不如意的时候。如果沉默是金，何必抬头奋斗，如果放弃远行便能旗开得胜，为何有人执迷不悟继续前行？

世界终归不是我们所想象的那样，许多人走着走着就散了，我们活着活着就老了，可是人只要还有点微弱的呼吸就要风尘仆仆地继续前进。

3

人人都有一些不完美的生活碎片，而正是这些碎片的激励才成就了完美的你。

许多人遭受着常人从来没有经历过的变故，因父母离异被人嘲笑，在工作中看不清自己的未来，在结婚后又过着打打闹闹的生活，还有些人生来就不完美。

没有人能够顺利度过此生，总要有些波涛汹涌的日子。

前几天朋友考研失败，痛苦地喝了几天闷酒，我本以为他平白无故地消失了，后来才得知他遇到了沉重打击。找到他的时候，他独自一人默默地承受着悲痛，见到我后眼泪也不争气地流下来。

之前他把考研当作人生大事，备战那么多的日日夜夜，最后却迎来了一个不满意的结果。他告诉我再也不想去捧起书，或许那根本就是不可能完成的事情。

当时还有个朋友说，与其没完没了地继续念下去，还不如平平淡淡地去企业找份工作。这样的话更是打击了他。在我们离开后，他就开始拼命找工作，可录取的职业都不是他想要的，无奈他只能重新“两耳不闻窗外事，一心只读圣贤书”。

许多人都有执念藏于心里，有事情念念不忘，在遭到打击后又沉陷于自己挖好的坟墓中，想要捂着耳朵不去与苦难较量。可是生活就是如此，不完美的常态时不时地敲打你这个理想主义者，睡觉和逃避也未必能够修补那些不完美。

快乐的人未必没有伤心的时候，成功的人未必没有遇到过困难。总是奢望太多，顾虑太多，负担太重，压力也会拖着脚步使你再也走不动。千万别妥协，苦难只喜欢找那些懦弱的人。

我们不奢望世界变得更美好，却也别忘记尽力将自己变得美好。

4

人生本不完美，尽量学会快乐地活着。

假如之前的老兵选择继续颠簸地过着日子，不去面对人生遭遇的不幸，那么他也不会有今日的一番成就。假如你因为某次成绩不好而选择颓废下去，那么你真的是病到无药可救了。假如遇到了生活中的不完美，你选择放弃人生，那么精彩的世界一定会与你无缘。

谁都在经历着苦难，可能大小都不相同，但简单的事情不要想得太复杂，复杂的事情要看淡了才会简单。

在部队服役的时候，我身体虚弱，体能非常差，原本想逃离部队生活，可是我却突然明白了一个道理：这种小事都做不好，还谈什么人生理想？我宁可选择比别人多苦一会儿、多累一些，但绝对不能被别人嘲笑，人的潜力本来就是无限大的，你只有相信自己才能成功。

生命总是不完美的，你要是妥协了困难就赢了，你要是敢于面对困难就会逃跑。

在我们的周围也有些传奇的人物，创业失败却勇敢面对，继续整装待发向前迈出脚步。一个人只要活着就逃脱不了世事的折磨，但体验生活百态的人生才更有意义。

有些人看似很完美，却有着诸多缺陷；有些人生来就不完美，却努力创造美好。既然生命本就不完美，何不尽量在这个不完美的世界活出完美？反正人生的终点都是死亡，何不看遍沿途不完美的风光？

过了这么多年，我终于发现那些招人喜欢的人，他们从不抱怨、不沉沦，面对生活中的麻烦会选择宽容与接纳，也容得下生命的不完美，经得起世事的颠簸。

大道理我们都懂，可过得还是一塌糊涂

即便你懂得再多的名言警句，未来的路上也未必风雨无阻。

1

听许多人说过大道理，可未必都能做到。

上学期间，舍友小胖因为英语口语成绩差而苦恼，我们几乎每天都能够听到他念叨来念叨去，说想要刻苦学习口语，争取有个好成绩。

可是他从不付诸行动，从来没有见过他捧起书念上几句，常见的还是我行我素地玩耍，有课也不去，没课就窝在宿舍里玩游戏，慢慢地和别人差距越来越大。

眼见着学期就要结束，他慌慌张张地向我借了几本书，我还纳闷平日不喜爱看书的他怎么会有这样的闲情雅致。而更让我意外的是，一次我回宿舍，看到小胖举着书对着窗户一遍遍发誓，决心要努力学口语。

听他读着书中的一句句名言警句我就心疼，也不知他脑袋中装了那么多的养分，最后能吸收的有多少。

但是听到激励人心的话，我还是深有感触。

我问他，读这些句子能有用吗？小胖坚定地跟我说，让我过几天看看他的变化。

小胖仅仅坚持了几天就放弃了，似乎那个念着名言激励自己的不是他，而且他也没学到多少知识，该游戏照常游戏，但却喜欢上了用名言做借口安慰自己，被我讽刺还会用“罗马不是一天建成”的话反击。

见他还是终日无所事事，我便告诉他，其实有些道理都是从失败中体验出来的，大道理太多，但适合自己的却只有自己的道理，一口吞下太多的经验，只会让自己离成功越来越远。

真正的道理是在实践行动中发现的，一个人想要成功，不能不去付出。

从那之后小胖就早出晚归，直到拿到证书的时候才兴奋地跟我说，原来还是要靠自己，道理始终是个道理，根本不能帮你改变什么，现实的困难不会听你讲大道理。

一件事不是仅仅明白道理就能成功，往往还需要脚踏实地的努力。

的确，现在许多人在教育着别人该怎么去做，但自己的建议又和别人的现实不相符合。所谓的经验都是从失败中总结出来的，例如情感专家，没有失败的恋爱经历，又怎敢轻易发表言论？

脚踏实地做好每一件事，不要总被所谓的大道理所束缚，也不要被懒惰毒害。大胆地尝试，敢于亲身经历自然会悟出人生真谛。

2

大道理谁都懂，都清楚不去努力就不会成功，但还是有许多人不去做，也有部分人不知道怎么做。

道理听多了也未必做得到，比如“失败是成功之母”，前提是要有能力才能受得住打击。

很多大道理都是互相矛盾的，因为会受到时间、金钱、环境的影响。不能仅仅依靠大道理活着，就像大家都说努力了肯定会成功，可是最终绝望的也有一半；都说风雨过后就会有彩虹，可是彩虹也是需要天时地利才会出现。

陪伴一个人一生最好的道理都是自己总结出来的，是自己摸索着找到的感觉。那些所谓的名言警句，并没有太多作用，或许仅仅是个警示而已。

社会上有一种人叫作创业导师，总是讲着大道理，却往往都是固定的一种套路而已，没有任何的干货。可能你起初听了会受到激励，可是几天后你还是那个懵懂的自己。

许多人缺乏的就是实战经验，不是那些所谓的大道理。

有许多人喜欢用自己的理论控制对方的思想，在别人面前指手画脚说三道四，说着一大堆的大道理。并不是说爱迪生不放弃发明的梦，你就要学着变成爱迪生。每个人的情况都不一样，最适合你的大道理还是在经历后琢磨出的经验。

不要再用大道理说服自己觉醒，那些只是激励你却不能帮你做事的话而已，你只有自己变得优秀才能战胜失败。

一个人再努力，思想和行动产生矛盾，雄心壮志也会变成心灰意懒。

成功往往取决于坚持和努力，而醒悟只能靠自己，别人的话帮不了太多。

3

我们都懂得吸烟有害，却依然嘴中叼着香烟弃健康于不顾。有时候你也会想，吸烟会导致肺癌等病变，自己也时常害怕发生意外，可就是戒不了。

人性的弱点难以克服，所以很多人总是克制不住自己。就像有许多人口口声声说想要减肥，却总是没有实际行动。你明明清楚肥胖的危害，还一个劲儿地吃，直到满身都是肥肉。

我有个朋友是个网购狂，几乎一到打折优惠的日子，就会疯狂地抢购一大堆商品，她形容电话都快被送快递的打爆了，小区门口的垃圾桶旁堆着的都是自己的快递盒，而且那个区域的快递小哥都认识她。

本来工资就不算高，而朋友总是不能克制自己，依然做着月光族，似乎网购就是她的一种生活情趣。

直到上一次“双十一”时，她在朋友圈发了段文字，说是今天不能剁手，因为她不想“吃土”，而我原本以为她真的会做到，可是“双十一”那天，她连发了几张名牌包包的图片给我，说是让我帮她挑选一下。

她说看到了一些广告词，错过了今天就要等到明年，觉得这次可不能亏大了，才下狠心买。

可等到“双十一”过后，我就看到她整日在朋友圈晒自己要

“吃土”的内容。

她还是没能约束自己，即便失去了正常生活也无所谓。

很多时候，人就是会产生矛盾心理，是因为你听了太多的话，看了太多的大道理，所以才会犹豫不决。

但道理就是，无论你听进去了多少，又明白了什么，都很难彻底解决问题。道理往往只能起到一个启发的作用，让你明白事情可能会如此，而事情还是要自己脚踏实地做，别人没义务承担你的苦难，也没义务为帮助你忙得热火朝天。

成功靠的不是道理，而是一个人不忘初心的努力，和后天历练出的实力。知易行难，虽然都懂得努力和勤奋的道理，但愿意付出行动的人又很少，不是你没有机会，而是你不愿意努力。

既然我们都清楚成功需要自己努力，那就要做到言行一致，不放空话，不要企图把道理当作借口，也不要被懒惰侵蚀得没有战意。

让你过得一塌糊涂的还是懒惰和借口。

幸福其实特别简单，但是又特别不容易

人生好比一座房屋，在人们眼中耸立的不过是它的一部分，剩余藏于土中的部分称为地基，作用是稳固房屋，所以人们往往看到好的一面，却忽视掉背后的艰辛。

1

我从小对幸福这个词理解得特别浅，觉得幸福就是得到自己喜爱的东西。啼哭几声便能得到，不费吹灰之力，这就是值得满意的幸福。

直到我的父亲创业失败，为维持生计累到满头白发，我才清楚幸福真的不容易。我们往往只看到表面的成果，却忽视了背后的心酸，这就是看幸福简单，了解后才知不易的原因。

一次，有朋友包场邀约相识的人吃饭，现场有的人西装革履，满脸洋溢着成功后的骄傲；有的人心酸寒碜，眼神里充斥着低人一等的卑微。当有所成就的吹捧自己奢靡的生活时，其中有个创业失败的人喝了点酒就嚷嚷，凭什么要吹嘘自己而打击别人？

因为这句话，他成了焦点，我举目望去，那人沧桑的面孔映入眼中，头上翘起的几根白发像是在表述他曾历经磨难。后来他冷笑几声，恶狠狠地指着几个人说，你们所谓的幸福或许我们并不喜爱，我们所经历过的幸福你们也不曾遇到过。后来进来一位姑娘，穿着不算体面，拉着疯狂的他离开了宴席。

等他离开，有人谈起这个人遭遇的悲惨经历，原来他之前不比在座的任何人差，可因为投资失利，钱都赔了，而那位姑娘是他的妻子，陪他共同经历了辉煌和失败。

我猜想那个喝醉酒的人发泄的原因是不愿记起之前的事，后来向他问起，而他表示已经想通了，觉得人生就是这样，简单又不易，每个阶层都有属于自己的快乐，对有钱的人我们望尘莫及，但也不代表我们就幸福不起来，毕竟幸福都是自己创造的。

幸福看似容易，其实也不易。每一段光鲜的背后，都是持之以恒的努力。但凡能轻而易举得到的辉煌，肯定来也匆匆去也匆匆。

2

随意拍张照片，里面总有三两个为生活匆忙的人。

一天下午去商场逛街，看到一群群精心装扮的年轻男女穿梭在商厦中，衬托出的是边吆喝边发传单的小哥，人群中他一身廉价的衣服是那么不起眼，为了生存丝毫不顾及面子，老远就要冲你喊“甩卖”“大促销”，然而即便他热情地凑到你跟前，那张传单可能握在你手中没热就被揉成了团。

另外还有一种人站在餐厅门口揽客，手中举着一张写有招牌菜的牌子喊：“先生，你需要吃点什么？”对菜单有些兴趣的会被轻松揽住，没兴趣的就会无视而过，显得揽客的人像是自言自语的疯子。

还有一种人，穿梭在商场的店铺里，不是购物而是送外卖，敲敲门喊一句“你的外卖”，关上门又转身走向另一家，时间安排得很紧，不愿耽误半点时间。

见到这些身处服务行业的人，抛弃面子甚至尊严去生存，就知道过好生活是多么不容易，薪水都是通过挥洒汗水赚来的。

生活从来就是不容易的，当我们尽情享受的时候，总有人分担那份不容易。比如在餐厅吃饭，忙活的是厨师，潇洒的是我们。比如收快递，苦的是快递员，躺在床上等收快递的是我们。

人活得这么累，还不是为了生存？看似简单的人生，其实每一天都是那么不容易。

3

毕业那年，有同学高呼终于从被束缚的日子里解脱了，接下来的日子想干啥都行，肯定比校园生活美好得多。

可之后，微信群里的话题变成了吐槽生活，说现实是多么不称心如意，任何想要得到的东西都不能轻而易举地得到。

那位同学说，原来计划着开一家网站，运营起来就成立公司，可域名和服务器都有了，又要为技术发愁，自己才意识到犯了个大错，没有任何计划就开始做事，这样不失败才怪。

还有另一个人说，之前总认为电视剧里的生活就是现实，工作后能随意开车兜风，或者去酒吧里喝几杯鸡尾酒，回到家一打开冰箱全都是零食，看着韩剧睡觉，随着落入房间的晨曦起床，这种生活简直太幸福了。可现实却不是如此，为了生计经常要加班赶工作，甚至连周末都可能进入熬夜状态，而且工作后不是开车潇洒，而是挤地铁回家，打开冰箱看到的不是零食是剩饭，因为那种日常开销不是自己的经济情况能接受的。

不过还有位同学说，其实他对自己目前的生活很满足，虽然没有在大公司高就，但是在地方上班也能赚钱，自从结了婚有了孩子，一回家就能吃到媳妇炒好的菜，虽然粗茶淡饭，但自己又不是达官贵人，简单点也能满足，晚上又能抱着儿子睡觉，他觉得这就是享受。

每个人的追求不同，所理解的幸福也就不同。其实每个人的生活都是有幸福的，只是你为了追求幸福必须忙于事业，忙于社交关系的处理，把自己累到喘不过气。

幸福是格外简单的，只要能满足内心的需求就是幸福，可是人为了生存而去满足需求，这个过程是不容易的。

4

人这辈子就是围绕着生存而努力着。

去年，我所住的公寓厨房下水道堵塞，我这个人对维修又是一窍不通，于是去了当地著名的工人市场，看到一群穿着军大衣冻得全身发抖的人，他们高举牌子，见人就吆喝一声，那时我的心也随着气温而变凉。

在人群中，我找了位被冻得不行的大叔，回去的路上就问他，难不成没有其他的工作能干了吗？这样多不容易。

他倒是说了句让我颇为感动的话，说是自己累点苦点不算什么，只要家人生活水平能比得过其他家庭就行，他最怕儿子受到歧视，怕媳妇穿着不体面的衣服，反正苦过了累过了，回家后围着小炉子烤火也是种幸福。

他还警告我，年轻的时候可千万别虚度好时光，毕竟岁月弄人，一旦握不住命运，这辈子都会抱有遗憾。他用自己的事例告诉我，若当初不是他愚昧地跟别人鬼混，或许就不会有今天的遭遇。

总有人为了生活不顾苦累地忙活着，即便严寒酷暑也无所畏惧，一旦回到家就觉得很幸福。

5

幸福其实特别简单，但是又特别不容易。这话是何炅在《向往的生活》中说的，节目中，他们为了满足别人的需要必须干苦力，做完苦力之后就是丰盛的晚餐，坐在桌前聊聊天其实也觉得挺幸福的。

生活本身就不可能完美地呈现在你面前，你想要什么就必须凭借实力得到，谁的生活都面临着劳累，呼天抢地地说出来也没办法改变实际问题，而默默坚守去渡过难关也许能稍好受些。

幸福可能就是，为了生计在外面任劳任怨，甚至要汗流浃背才能赚到工资，可是当你拥有了这份钱，就能够换取想要拥有的东西，当你回到家享受得到的东西时，会有种苦尽甘来的感觉。

幸福不可能平白无故地投入你的怀抱，命运也终不会让你囊中羞涩，但有一个前提，你想要幸福就要先去付出。

这世上，没有人把生活过得很容易，毕竟谁都有野心有想法，只要有目标就必然要拼尽全力。

幸福其实很简单，只要满足就好，可是又特别不容易，想要满足就得劳其筋骨。

别把生命浪费在鸡毛蒜皮的小事上

对小事过于纠缠，是对生命的一种不敬。

1

之前发现一个很奇怪的现象，许多人在淘宝购物喜欢讨价还价，例如因为快递不包邮就去争论，店家不退让还在纠结到底要不要买，但其实你浪费的这个时间，已经远远超过快递费用的价值。

时间不是不充足，而是被你无意中浪费掉了。大妈为什么会买菜砍价？这绝大部分取决于她时间充足，除了烧菜就是和邻里唠嗑，砍价像是她的一种生活乐趣。可年轻人却大不相同，你奔波在繁忙的工作中，花时间去砍价还不如抓紧解决当下面临的事情。

许多人都有这样的毛病，因为一件鸡毛蒜皮的事情纠结很久，流失了大好的时光，耽误了许多的事情。既然有闲工夫去砍价，不愿吃亏，还不如好好地提升自己，利用节省出的时间做其他有意义的事情，换来的比这些更有价值。

做任何事，换个角度也许就能看透许多，把事情看得太重，则烦恼多；想开一点，一路光明。

不要在鸡毛蒜皮的小事上斤斤计较，参与其中的你不仅得不到快乐，还会让自己怒火攻心，又浪费时间。

2

有一次外出住宾馆，隔壁夫妻大半夜开启了吵架模式，当然我也被烦得睡不着觉。后来外面议论纷纷，就像是个菜市场，我出门看了看，大部分都是去看热闹的，根本没有人去真正解决问题。

其实我们人都是有好奇心的，别人的笑话喜欢看来看去，而且看过故事之后也会来一个总结。但过多地关注别人，还不如多多关心一下自己，你在别人生活中充当着围观群众，却于己无益，别人的生活，的确与你无关。

生活是由琐碎的小事构成的，一个人常常去为一件小事纠结半天，没有时间观念，这样的人往往是虚度年华的罪犯。

生活虽然需要调剂，需要“八卦”，但过多地浪费时间就是对生命的一种不负责任。周边的朋友一聚会就开始讨论明星舆论热点，而往往还会产生争执，观点不一。就和辩论赛一样，各种证据和观点都一个个抛出来压倒对方，最后两个人闹别扭吵了架，不欢而散。他们几乎忘记了人存在的真正意义，将有限的生命都浪费在“八卦”和争论当中。假如有这样闲谈的时间，还不如说说生活和工作，说不定会为你带来较大的突破。

多反省自己，别总在成才的道路中，停在了起步的阶段，你把时间给了那些鸡毛蒜皮的小事，只能站在低处看着高处正笑傲江湖的其他人。

一生太短，总要和鸡毛蒜皮的小事较劲，未免可惜。而我们根本就没有太多的精力处理这些小事，因为小事接二连三地出现在你的生活中，若要是把所有的精力都浪费在烦琐的生活上，那你的步伐很有可能就会变得缓慢，永远走不到理想的道路上。

别总纠结无用的小事情，你真正该做的是提升自己的能力和人品，学会每天临睡前原谅所有人和事，这样终会得到让你满意的成果。

3

我们的周围就是个很繁杂的世界，往往你会遭遇到外卖里吃到头发、被人在领导面前说坏话、家里的无线网被隔壁蹭了、今天买到的菜是昨天卖剩下的、在公司里被同事洒了一身的水等许多小事。

每个人生命里的每分每秒都在发生着各种各样的事情，但我们要学着笑脸相迎，不要纠结到愁眉苦脸，影响了自己的情绪又伤及他人的感情。一个人应该学会对小事说无所谓，而你要做的是不断提升自己，向着做大事这条路前进。

成功的人往往不会把时间浪费在鸡毛蒜皮的小事上，他们觉得这是没有意义的，所以他们就会请助理做事，让他们处理杂事，尽可能地省出时间做更重要的事情。而我们普通人也是杂事缠身，但你偏偏要去跟一件影响不到自己的小事纠结，是不是太“玻璃心”了？

努力工作，认真生活的人都很单纯地活着，他们也就没有时间和精力去关心一些无关紧要的小事。清闲到无所事事的人才会拽着小事不肯放手。

正所谓“人闲是非多”，一旦一个人的精力无处安放，就开始喜欢专注在鸡毛蒜皮的小事上，才会七嘴八舌爱“八卦”，喜欢打探别人的隐私，整日背后议论他人短处，而自己就整日靠着这些废话消磨时光。

生命中的每一秒都可能发生事情，可能是机会也可能是难题，要做的不是把年华浪费在鸡毛蒜皮的小事上，而是要经营好自己的人生。生和死其实很多时候也是一秒之差，你预测不到下一秒会发生什么，所以就尽可能地做好自己，而不是每日纠结自己吃了多少亏，你又要跟谁去大吵一架，这样的浪费是真的太不值得了。

我们做事不能光让自己舒服，心里要装着许多的人才算大度。那些总喜欢斤斤计较的人，往往胸怀很小，小到只能容纳自己一人。

如果你想有高品质的生活，千万别花费一辈子时间处理鸡毛蒜皮的小事，因为这始终对你没有任何好处。你纠缠一时，就等于浪费生命。

人生要么出众，要么出局

人生其实就是一盘棋，走错一步就可能满盘皆输。

1

有一家图书公司招聘设计师，而前来应聘的有位大学生，刚毕业，他的梦想是成为漫画师。他表示之所以选择做设计师就是想先锻炼自己。其实我们不太认可对其他事还抱有想法的人，觉得他应聘进来也会跳槽。

之后加入公司的他就像打了鸡血，许多人型封面都是由他独立操刀完成，同时他也受到了市场经理的夸赞，觉得这种富有想象力的人简直就是人才，因为成绩显著他便提前转正了。

接下来的日子可不得了，他力挽狂澜，过关斩将，成了设计部最受欢迎的设计师，他所做的封面都是大家抢着要的。就在大家认为他可以解放自己辞职单干的时候，人家偏偏不，还在微博上申请了自媒体，每天画几张漫画上传，成了小有名气的漫画网红。

后来我在一次聚会上见到他，聊起他的传奇事迹时，他表示大家只看到他光鲜的一面，却没看到他上大学时用功的样子。之所以能够轻松自如地进行设计，也是因为他看过大量外国设计师的作品。他有自己的人生观：做事只要不轻易放弃，总会有柳暗花明的一天，当一个人具备才艺的时候，就该发挥出作用。毕竟现实很残酷，你没有任何特殊的地方，早晚会被公司淘汰。

他的话还颇有道理，在他之前就曾有个大学生因为没有任何能力被公司劝退。因此公司还下了明文规定，凡是没有特殊技术的不予录取，而一条规定就像一道门槛，许多人就被拦在了门外。

在我们的身边，总有人拥有一身才能，经过百折千磨后，成了出众的人。所以也别羡慕这种人受到器重，他们也是通过努力才熬出头的，你和出众的人的差距仅仅在于沉着冷静的心态和求知若渴的心。

生活虽然是日出而作，日落而息，可总有人把生活过得与众不同，他们也就因此而出众。

2

倪萍在《姥姥语录》一书中有一句话：“人命不是撂下，是咬着牙挺着，挺到天亮。”

的确，人生处处是困境，唯独咬紧牙关坚持住，才能看到天明。一个人想要万众瞩目，首先要熬得住，挺过去也就成功了。

就单说大众羡慕的明星，没出道前只能算是个艺人，最多比别人多点特色，可是出道后就会成为明星，就因为他们曾付出过，没被包装前就苦练本领。要保证形体、才艺、礼仪等方面都优秀才能有资格站在聚光灯下，成为闪光灯捕捉的名人。

一个人想要出众并不简单，首先要磨砺性子，不急不躁地等待出众。没有人在没背景的情况下，一出生就成为耀眼的人物。所以想要拥有高一层的地位，就先让自己告别浮躁安心学习，这样总会有所收获。

如果一心都在考虑如何消遣、如何与别人交往，终日无所事事，这个人一定是平庸无奇的。毕竟所学的都是无用的东西，只适合娱乐，那这样的人对社会也难有贡献，早晚会被淘汰。

这个社会就喜欢有才华的人，一个人有着独一无二的本事，就像是拥有一副靓丽的面孔，谁都喜欢。

3

人生这条路只有两种选择，要么出众，要么出局。

我曾在微信公众号里看过一个读者的留言，说上天似乎对他不太公平，为什么同龄的人有车有房，自己偏偏一无所有？其实自己也不是不努力，可是没人看到。

在简单地进行了交流后，读者发来一大串的文字，里面记录着自己的心路历程。让我记忆深刻的是他说自己曾经是个极为懒惰的人，直到工作后才清楚自己有一身懒毛病，才慢慢尝试去改变。他自认为没有一点值得骄傲的地方，因为他是从“学渣”队伍走出来的。

读完这段话我顿时明白了他比不了别人的原因，终究是他太懒惰，耽误了太多学习的机会。就拿他羡慕的年轻人来讲，许多人未曾踏入社会便尝试让自己优秀，甚至连技能证书都一大堆。我们外人看到会心疼他们对自己要求太严格，自己给自己压力，可他们会觉得，人生就是个学习的过程，趁着血气方刚的时候多学点东西，虽说不能全部用在工作中，但总会有用得上之时。

所以想要在成千上万的人中脱颖而出，让人刮目相看，要先让自己拥有出众的能力。如果你不求上进，只能碌碌无为下去。

别抱怨人生充满坎坷，只是你从未有胆量挑战人生而已。

4

一个人出众并非是天生的，也并非来自父母，而是靠自己的能力拥有的光环。

出众不是为了一个人抢尽风头，仅仅是为了活得不普通，就如同人的穿衣打扮，想要在人群中被人一眼看到，并不需要名牌点缀，或许稍和外界有所不同就会受到关注。

生活中自慰式的成功只是短暂的，满足的仅仅是当下的欲望，却怎么也影响不了一生。所以眼光一定要放长远，去做让自己真正受益一生的事情，反正人生就是两种选择，要么出众，要么出局。

在竞争如此激烈的现代社会，想要有所成就，就得先让自己拥有出众的本事，否则肯定遭到淘汰。

每一种行为的背后都有独一无二的价值，任何事都有利弊。

你想要耀眼，就先让自己变优秀。你选择颓废，世界不会同情你的软弱。毕竟人生只有两条路，要么为了出众赴汤蹈火一次，要么就虚度光阴被判出局。

第四章

世界这么乱，脆弱给谁看

太在乎别人的想法，往往受伤的是自己

有种错，叫作活在别人的想法里。

1

昨天和朋友逛街，路过一家品牌服装店在搞优惠活动，恰好朋友最喜欢购物存货，我们便进去逛了逛。

平日对衣品很讲究很挑剔的他，被服务员说得每件都动了购买念头。可一到付款时又发现没带够钱，就满脸尴尬地退掉了几件。

回去的路上，他一直问个不停，说是那几件衣服他都穿过，怕服务员嫌弃，还跟我假设了服务员都会说他什么坏话，又担心那几件衣服被他弄脏了卖不出去。

我就在想，有些人为什么会一直活在别人的想法里，其实别人根本没有那么在乎你，一切都是你自导自演的戏剧。

看到他焦虑的样子，我也突然有些难受，类似的情况已经不是一次两次。

他成长在很世俗的家庭里，一旦犯错或者学习成绩差就会被责骂，我们做邻居的都时常听到他家传出的呵斥声。他这人又不

喜欢与家人沟通，所以每次只听到他父母喊话，说谁家的孩子怎么样，而他却不争气。

后来他奋发图强，成了班级第八名，也算得上成绩优异。但之后就有事了，他时常告诉我，怕下次成绩不好被责怪，怕成绩下滑后会被嘲笑，还担心这次成绩太高会被人误解是准备了小抄。

而且随着每次考试成绩在逐渐提高，他的恐慌也越来越强烈，也会强迫自己更优秀，有时候连周末都在用功。

在一次失败后，他整个人就垮了，很是难过地跟我说，自己实在是受不了，到底该如何做到让别人喜欢。

曾经我还不懂“在乎别人的看法”这个概念，直到昨天的事情发生，我才恍惚记起，他的确是个很注重别人看法的人。

似乎他就是活给别人看的，而自己在个人世界里充当着受控制的角色，就像一幅五颜六色的图案，线条都由别人勾画。

大概很多人都是如此，喜欢按照别人喜欢的样子活着，可别人也未必真的喜欢你。

我们的错误就在于，活在别人的想法里，被外界的影响改变着，对于任何的评论或鼓励都变得敏感。

可仅关乎我们的事情，对别人来讲是毫无意义的。他们不会因为你的成功变得辉煌，也不会因为你的堕落变得迷茫。

2

人喜欢通过镜子来检视自己的外貌，而对自己的认知却是来源于别人的看法。

一次，我乘出租车赶往公寓，途中遇到堵车，于是闲着就跟司机聊起他的职业。我对于出租车这个行业真的很佩服，有能耐的司机能工作到半夜，回家休息会儿又起床继续开工。

我问出租车司机累吗？他点点头又唉声叹气地摇着头，样子看起来很矛盾，后来说了句，像我这种性格的也只能开个出租拉个客。

他告诉我，之前他是在一家金融贸易公司上班，可因为顶不住压力就辞职了。

而辞职的真正原因，是自己逐渐变得不认识自己了。

据他介绍，由于从小被约束着要做个乖孩子，所以也变成了敏感的人。在职场中就生怕得罪人，所有客户的要求几乎都要去尝试着满足，这也让自己浪费过金钱和时间，而且从某种程度上来说，自己已经有了刻意讨好别人的倾向。

在一次商谈中，客户很清楚地告诉他要一套茶具。他没敢跟公司讲，又害怕耽误了单子客户对他有意见，只能忍气吞声地答应，自己掏钱买了一套送给客户，但对方并没有因此多投资。

他自工作以来，销售成绩并不是很理想，看到别人出门一趟满载而归，自己商谈回来却两手空空，愁绪满怀，无从消解，就沾染上吸烟的毛病，也戒不掉。因为销售上的差距他时常睡不着觉，还总认为经理对他有意见，同事看不起他，就连朋友都不愿跟他有任何来往，他把这一切归结于自己不优秀。

在前公司工作的那段时间，他头发掉了不少，人也消瘦了。

之后，他还试图学习别人的工作方法，也会将自己和别人比较，每次心理落差都格外大，屡次受打击，逐渐在工作上变得消极。

但他还是有些自控能力的，开始找寻堕落的原因，经过自我反思发现，是太注重别人的看法，总是担心别人对他有意见，其实别人根本不愿意去管他。

后来他干脆辞掉工作干起出租，觉得不去面对压力太重的工作，就不会想太多。

面对这复杂的世界，有些人把生活过得太紧张，因外界舆论而恐慌，可无论怎么去想象别人能说的坏话，伤害的都是自己。

3

大概人的情感神经都很脆弱，稍不留意就会变得很敏感。

做错事老觉得对不起别人，有段日子不联系就害怕别人离开，我们担忧别人生气，把自己置身于提心吊胆的日子里，其实过得很不开心。

在做任何事情时，想到的都是别人认为如何，在相处中更是压抑着自己，一旦有人不开心，就把责任揽到了自己身上，总考虑是不是自己惹怒了对方，变得总想去讨好别人。

无时无刻不替别人着想，又害怕做不到别人满意的样子，却从未想过这样做是否对自己有利，是否会耽误时间和精力。

宁可自己不开心，也要让别人愉快地生活。

有的人一生似乎都被困在别人的想法中，却从未考虑过事态的严重性。

这一切，都是因为过于注重别人看法造成的。

有些人，面对着一句非议，一件有争议的小事，会变得耿耿于怀，总是闷闷不乐，翻来覆去地想着别人的看法，却在无形中被这种敏感所绑架，最终害了自己。

不是活得让别人满意了就是有了价值，无论你得到什么，别人也不会因你而改变。

自己太卑微了，这一生也无法精彩，只有对自己好点，对外界传闻少专注点，生活才不会太累。

别成了别人眼中的囚犯，整日被约束着活下去，毕竟谁也活不成别人眼中最好的人物。

你不必取悦任何人，做自己就好

脆弱的人总想着取悦别人，其实大多数人并不会真正在意你。

1

有一个男孩，总喜欢在别人面前装出一副老好人的样子，但背后却又喜欢说人坏话。

我们是在山东相识的，他给我留下的印象是看似柔弱，但阴险狡猾，软弱起来像是手无寸铁的人，阴险起来又像是一个老江湖。他这种人喜欢取悦别人，为了目的便伪装出一副老好人的模样，八面玲珑。

和他刚接触那天，是我临时去交代工作，恰好又因为点事情耽误了时间便迟到了。当时他一句话也没讲，摆着一副扑克脸从我身边走过。后来他还在背后议论我对待工作态度不认真，说我摆架子。

了解到他的为人后，我自然也避免和他有过多的接触。在半个月后，我们单位来了一批新人，他装模作样地努力和新人打得火热，之前那副眉眼变成了讨好别人的柔和神情。

他一直保持那副老好人的样子，无论别人是否需要帮助，他都主动去取悦别人，因此成了新人眼中最好的老员工。而他能交往的朋友也就是这些新人，毕竟了解他为人的我们都不愿意跟他打交道。他因为取悦新人，也成了那个小群体里的红人。

在一个季度评选优秀员工时，这人凭借新人的投票成功夺得第一。可之后他跟一个新人闹翻了，两人发生了激烈的争执。因为这次冲动，之后他就没再受到新人的拥护，原形毕露后他就落单了。

总有人抱着目的去取悦别人，不敢拒绝，也不敢正面冲突。但伪装出一副好人的样子，难道不会憋出病来吗？

取悦别人，常常是给自己添堵，明明伪装出的是一种自己不习惯的行为，却甘愿披着羊皮潜伏在别人身旁，忙不迭地讨好别人，这种伪装会让你受到“好人”压力之苦，容易导致情绪失控。

取悦别人不是为自己寻求出路，真正的出路是活出自己想要的样子，取悦自己。

2

在我们的思维里，有一种生活方式叫作靠取悦别人获得社会认可。有人为了让别人开心，不管自己有多不情愿，都会主动牺牲自己成全别人，这就是取悦别人的最大特点。

所以，为取悦别人而受罪，可千万别喊疼，毕竟这种苦是自找的。

想起上学期间有一个同学总爱取悦别人的事。大概这同学是想处理好人际关系，才尽力讨好别人。她总装成一副很好说话的样子，拿快递、拿外卖的事情都愿意去做，也就此导致她在讨好别人的路上一发不可收拾。

有一次，她第二天就口语考试了，可为了陪同别人去约会便一天都没复习，回来后又打着手电在被窝里看了一晚上的书，第二天也没能考好。听说她曾因讨好别人而险些一命呜呼，原因是她明明自己吃了碗泡面，却在室友的恳求下又去吃了顿自助餐，回学校的路上感觉肚子胀痛，就到医院检查，被诊断为急性胃扩张。好了之后她依然不忘取悦别人，什么活、什么责任都想扛下来。

软弱的人始终是会被人欺负的，而造成尽力讨好别人的原因，还是害怕遭人拒绝，害怕别人讨厌自己。但因为害怕就去做尽显软弱的事，这样维护友谊只会累上加累。

想要做到人人都爱是一件难事，所以别奢望自己通过一味掏心，就能赢得别人对你的好感。之所以有人缘，还是因为真实具有的性格影响到了对方，而不是像仆人般恭恭敬敬地对人就能获得同样的回报。

脆弱的人总想着取悦别人，其实大多数人并不会真正地在意你，所以你有必要捍卫自己的内心。

请把自己真实的一面展现出来，别介意外界对你的评判，敞开心扉去接受，总比取悦别人有尊严。

3

在心理学中，讨好别人是一种人格障碍，被称为“讨好型人格”，往往是对自己的价值信心匮缺，又渴望得到别人的赞美，想在别人心中留有好印象，因此形成的心理障碍。

最近总能听到一些家长里短的事，谁家的媳妇又生了个女儿，谁家的孩子又考了倒数第一，这些事似乎就成了人们的笑柄，总觉得生个男孩像是有皇位要继承，考试得了第一就是个宇宙超级天才。

我听苹果先生讲过自家的事，他叔叔家生了两个女儿，因听不惯外面的舆论，媳妇投井自杀了。当时他叔叔也很后悔，一直让媳妇生活在这种压抑的环境下，有时候连自己生气都要用这个说事，没想到就是因为这种世俗观念毁掉了家庭，他从此成了单身汉。

有一次我也看到微信公众号后台有人留言，说是自己生了个女儿，婆婆公公都不待见。虽然老公也尽力想去缓和家庭关系，但每次她去婆婆家总是遭到冷眼相对。有一次她还听到婆婆逼着老公跟她离婚，虽然她老公没答应，但是这件事也成了她的心理阴影，觉得生不出儿子就是一辈子的败笔。

看过这个留言，我回复说：为何总要把自己困在外界的流言蜚语中？你能靠着别人的评论过一辈子吗？做自己就好，不要总想着取悦别人。

这种事情不在少数，有时偶尔看看法律节目，发现很多内容都是婆媳不和，很多人把生不出儿子当成了滔天大罪，但凡有点常识的人就会反击这种老传统思想，但是有些懦弱的人就愿意忍气吞声，还甘愿为了讨好家人去寻方问诊。

即便是活得再好，也避免不了流言蜚语，本来人就喜欢八卦，你能躲过几天？有朝一日还是会成为别人茶余饭后的谈资。

别为了取悦别人使自己郁闷，毕竟在别人眼中，谁都是有点缺陷的。

4

就因为我们总在意别人眼中的自己，所以就活成了别人期待的样子，失去了自我。

但一千人眼中，有一千个你，而且这世界没有任何一个人值得我们去讨好，如果有，那也只是自己。

真想要让人喜欢，不是表现出一副懦弱、没个性的样子就可以，往往你装成一副乖巧模样，不但不会被尊重，还会被人欺辱。

别总把自己好说话的样子鲜明地亮出，毕竟有人不愿珍惜，更有人会残忍地利用，每个人的心中都该有一座城堡，有一条防线，我们站在城堡里不必再去看别人的脸色行事，也不用害怕得罪谁，我们只要做好自己就行。

你努力取悦别人，难道就不累吗?

茫茫宇宙中，每个人都是独一无二的。所以不谄媚、不自馁，也别去刻意取悦别人，连基本的防线都丢得一干二净。

我们太弱，有人就会顺势侵犯。我们太弱，生活中危机便会找来。

请无视讽刺，请别在意打击，只要我们活得坦荡，活出自己真实的样子，那就是最好的生活方式。

在人际交往中，双方无非就是利益共存或者互相欣赏而已。

所以如果你没有什么值得别人关注的点，别天真地认为取悦别人会带来好人缘。

多少人，从来就认不清自己真正的样子，宁可假笑也不愿被别人排斥在圈子外。

别在我面前放肆，我们根本就不熟

只是偶然遇见又不熟，为何如此肆无忌惮。

1

一个同学连夜给我发微信，说着上学期间各种有趣的事，几乎把全班的人都聊了一遍。

有几天我甚至都养成了习惯，每到深夜便会等他发几条回忆的段子。有时候他也会主动跟我视频聊天，虽然以前跟他关系没那么好，却在这几次对他有了些好感。

没几天后，老同学突然着急地问我微信里有多少钱，能不能借给他充话费，回头再还我。我这个人本身不会警惕任何人，既然他要就直接给了。

可是后来每隔几天他就又会问我讨要红包，每次理由都不相同，甚至连他生日也要通知我发个红包，内容还带有威胁性："按照红包大小来衡量友情的轻重。"最后他还顺带说了一句"今天是我生日，你们都看着办"。

原本我是想要准备个红包，可看到他朋友圈下的评论顿时就没了心思，那些不发红包甚至指责他强行索要红包的人，被他挨个骂了个遍。

明显做人不知羞耻，明明自己无理还要反咬别人一口。我就没再继续跟他联系，觉得去说太多简直浪费时间，而且他也没主动联系我。原本以为这样就能轻易过去，可有次他突然打来电话求着我说，你不是会写文章吗？帮我亲戚家的孩子修改一下作文，他要参加比赛。

一听这话我顿时也来了脾气，他生硬的态度就如同我是奴隶。况且我还有自己的事情要做，他的要求也未免太过分。

我敷衍几句便挂断了电话，随后还真收到了他的邮件，点开浏览了一遍，简直是文学中的车祸现场，各种用词不当、错别字都存在。我就在想，人都是通过自己努力来赢得未来的，假如我伸手帮忙，对他人就是不公平。

想到这些，我便告知他不会帮忙，没想到他开始冲我撒泼，脏话连篇地开始骂我，指责我是忘恩负义的人。我问他对我有什么恩情，而他给我的答案却让我哭笑不得，说是他陪了我那么久就是最好的朋友。

听到这番无理的话，我直接挂断了电话。而后他再次联系我，还厚着脸皮向我借钱，最终被我直接拉黑。

真朋友真的很少，许多人都是为了利益融入你的生活圈。就和我们曾经上大学一样，在学校里关系非常好，一放假就成了陌生人，等到抄作业和打架的时候又想起你。

我们根本就不熟，你想拜托别人为你去做事情，当时间消耗在你个人身上时，别人的损失谁去弥补？

有些时候我们要站在别人立场考虑，帮你忙是给面子，只是不想让彼此难堪而已，但别玩得过火，否则别人必然会揭穿你的鬼把戏。

别人不愿意帮忙的事情别多强求，毕竟事情是自己的，不是别人的，帮你忙又不是别人的义务，又何必逼迫别人尽心尽力尽责任?

2

吕方在《朋友别哭》这首歌里唱道:朋友别哭，我一直在你心灵最深处，朋友别哭，我陪你就不孤独，人海中难得有几个真正的朋友，这份情，请你不要不在乎!

真正的朋友的确很难得，能不离不弃的更少，许多人随着双方身份地位和钱财的变化而消失，能够走下去的也就三两个而已。

有些仅有几天交流或者一面之缘的人，总喜欢借着你的名号招摇过市，他们总喜欢利用你，喜欢索取却不知道付出。

如今的聊天软件那么多，有人只是随意加你为好友，就会声称和你是朋友，有些人甚至开始放肆，开着各种大胆的玩笑，可当你输入这些不雅的文字时，请注意别人跟你没那么熟悉，你的举止只会暴露自身人品。

我们听够了冒犯的话语，许多人总喜欢举着刀架在你脖子上，追问你的私生活。一面之交的客户又相逢，追问着工资多少，你不愿讲他就会拉着一副黑脸，讲出来又会被八卦。八竿子打不着的亲戚问你有没有对象，说有就会被追问对象长什么样干什么工作，说没有又会遭人背后议论。有些人就这样，在不熟悉的人面前总是表现得很随意，大胆放肆地证明自己有多喜欢侵犯别人。

吃过一顿饭，仅仅只是一面之交，喝过几次酒，顶多算半个朋友。没有熟到无事不谈的地步，就别随意做出逾矩的行为，别让你愚蠢的行为伤害别人。

3

好朋友互损是因为彼此间的了解，不熟的人肆意地讽刺就叫冒犯。

上个月朋友邀请我吃饭，在饭局上认识了个喜欢花言巧语的陌生人，他突然评价起我的作品和为人，听他胡言乱语，让别人觉得我们之间有多么熟悉一样。

听了他一番讽刺的话，我脸都黑了，一直压制着情绪，只仓促吃了几口便找借口离开了。

过了几天，就有人截图给我，说是那天评论我的人在朋友圈污蔑我，让我无言以对。

还有一种人也很可笑，通过群聊加你微信，你客气地跟他聊了几句，对方便要说要你请客吃饭。

有时候我就在想，那些不是朋友的人，又是哪里来的勇气说出那些为难别人的话？或许他们根本不会懂得感情是什么，所以也不明白珍惜的含义。

往往小事就能反映一个人的品性，通过行为举止很容易看透一个人。那些别人给足了面子又不懂得珍惜的人，就不要指望别人能继续给予你什么帮助了。

别用道德绑架别人，你刻意强求只能证明你是个自私的人，别人没有义务帮助你。

人与人之间，决定关系长久的是细节和行动，而不是天花乱坠的套话，我们交往凭借的是风雨同舟的心，而不是处心积虑的算计。

虚伪的人生只会乌烟瘴气，而真感情却是胸无城府。

年轻时，最好把每天过成一无所有的样子

一点小成就算不了什么，却有人因此止步不前，输给自傲。

1

昨天晚上，一个读者询问了一个问题，听上去很无趣，但是这个问题困扰了他许久，让他难以释怀。

他问，曾经在对待工作方面非常卖力，是不是爬到了管理的位置就可以去放松自己了。

我并没有急着回答，而是选择举例子的方式警示他：

我曾遇到过一位网友，他分享了自己领导班子的故事，说是曾经有个人对待工作孜孜不倦，甚至废寝忘食，忙碌几乎成了他的常态。好多人劝他不要累坏身子，可对他也起不了作用，他反而更加不辞辛苦地工作，直到有一天他成功地晋升到经理的位置。

换了这个低调的新经理，员工本以为好日子来了，可没承想他竟然像是变了个人，对待员工极为苛刻，遇到业绩差的员工更

是尖酸刻薄，起初大家伙也没在意，觉得员工的工作成绩影响经理的收入，所以才让他对大家严格要求。

可是日子一久大家就发现，平日里对人冷眼冷语，瞧不起人就是他的本性。更可怕的是，拥有了经理位置的他像是得到了皇位，安排新来的员工帮他干活，甚至把新员工带去帮他亲戚做事，回来还要批判员工没有时间观念。

他也因一时的小成功变得懒惰起来。升职为经理后，业绩一落千丈，根本就起不到领头作用，后来他贪心大起，私人用品也要虚报给财务报销，最终遭到举报以致身败名裂。

故事一讲完，这位男读者瞬间懂了，他说原来人一旦过度享受就会变得不知羞耻，忘记初心。

从心理学方面来讲，大部分的人都存有容易骄傲的心态，一旦拥有点成绩就容易兴奋过头，得意忘形后就会变得骄傲自满，不再去规划未来，而是停下努力在当下享乐。

2

最初，让我们咬紧牙关，坚持不懈去努力的动力仅仅是要满足内心的需求。

比如我们要功成名就，就会专心致志地去奋斗，直到出人头地。

比如我们想要丰衣足食，就会绞尽脑汁为每天着想，有计划地过着日子。

比如我们想要结婚生子，就会找寻知心人，托付终身。

可如今，太多的人活在“自以为是”的生活里，憧憬着美好，难以自拔。

2016 年，是我进入社会的第一年，我遇到过形形色色的人，其中就有这样一位。她是我首位房东，年纪轻轻的就把自己嫁了，老公三十多岁，是名外语翻译，工资挺高。所以结完婚她就自作主张辞掉了工作，买了条茶杯犬扮成了富太太的模样，而她向老公陈述的不工作的理由也很简单，就是闺密都舒服地过着女神般的生活，为什么别人老公能给老婆潇洒的生活，自己的老公就不能？

此后，她就靠出租楼房赚钱，每个月房租也能赚个两三千。所以就经常出入美容院做按摩，约上闺密捏个脚，修修指甲，隔三岔五就买几件衣服。

其实她大把花钱，刚开始是为了攀比，后来就成了炫耀，仅仅是为了证明自己嫁得也可以，可她花的又不是亲手赚来的钱，时间一久夫妻二人就产生了分歧。

有一次我还问她，难道过这种“月光族”的日子不难受？她直接反驳说，老公能赚钱，他给我钱是理所当然的。可是她的老公最终还是没能承受住巨大的开销，终于在外面找了个能够居家过日子的女人。

男人出轨的事被发现的那天，女房东哭喊着要离婚，提着大包小裹离开了。那男人心平气和地抽着香烟看着她下楼，也没有什么反应。但一天后，女房东又返回楼内，不是拿行李而是没钱花了想伸手要钱。

不料，这一伸手拿到的却是一纸离婚协议书，她就这样毁掉了自己的婚姻。

事后我也分析过，大概女房东是因攀比变成了爱炫耀的人，从此有了钱就任性地花，在任性消费的过程中变得不再知足，肆意挥霍着金钱，没意识到会被丈夫抛弃。

人一定要有独立思想，没有能够一直依靠的人，也没有人心甘情愿一直容忍你的任性。你一定要自己去争取想要的生活，凭借自己的能力去实现自己的理想。

虽说人活着要不断提升生活品质，但无休止的消费谁也承受不住，还不如把生活过得精打细算些。

3

朵拉是我玩游戏时认识的网友，她就是个花钱很任性的人，没有任何理财观念。

朵拉说，她平常就是忍不住想去花钱，只要兜里有钱就不想留着。发工资的时候在网上购买大量的衣服，买回来又心疼，以致她在生活中扮演着“月光族”的角色。

在游戏世界里，朵拉更是开通了 VIP，充了点券，装备一定要比别人好，但技术却不见增长。平时朵拉只要有钱就想买点零食，点个外卖，而且一顿饭能花很多钱，有钱的时候就觉得无所不能，什么都想去买，可每当钱快花光的时候又谨慎起来。所以很多时候，她购买的大件物品都会变成二手货重新卖出去，以此来换取当月的生活开支。

她从来不会计算还剩下多少钱，觉得差不多的时候才会控制消费的欲望。有一次她只剩下几十块，而距离发工资还有半个月的时间，于是她只能去找朋友蹭饭，或者喝粥度日。可怕的是，即便是这样，她还是不愿改变现状，不愿改掉花钱大手大脚的恶习。

很多年轻人都没有养成勤俭节约的习惯，总忍不住想要花钱，导致卡里没有太多积蓄，需要用钱时又后悔莫及。

钱不是用来任性的，而是用来过日子的。生活不可能一帆风顺，说不定哪日就有急需用钱的事情，所以别肆无忌惮地乱花钱，要给自己留一条生路。

4

大家都说，自己现在的一无所有就是拼搏的理由。这种说法的确有些道理，人只有在一无所有的时候才会全力以赴，毕竟受生活所迫又渴望生存，肯定会为想要得到的付出行动。

一时的成就、当下的富有并不能说明今后也会如此，别因为眼前令人兴奋的事变得放纵，让自己损失惨重。

年轻时，最好把每天都过成一无所有的样子，在生活中精打细算，不因辉煌得意忘形，不因成功变得自负。

人就是如此，缺少什么就喜欢去争抢什么，可是一旦拥有过就没有任何心思再去抢夺，所以就会失去斗志。

无论你站在什么位置，拥有多少的储蓄，都不要得意忘形，要对得起身处异乡，孤独地吃着泡面喝着咖啡加班的生活，对得起起早贪黑在陌生城市穿行的经历。我们没有过人的天赋，也没有显赫的背景，所以当你拼尽全力争取到辉煌生活时，别提早进入休眠状态。

从一无所有到衣食无忧是个很累的过程，但从生活安逸变为颠沛流离又极为简单。

别在不该休息的年纪谈知足，你应该像一无所有那样去奋斗！

别想太多，何必让自己那么累

有时候我们都在自欺欺人地活着。明知把事想复杂了就头疼，明知把事看透了就心累，却偏偏固执下去，其实不是解决问题而是折磨自己。

1

前几天听到一个故事，说是有一个书香门第家庭出身的年轻人，因遭到旁人的嘲笑而变得自卑，如今做什么事都忧心忡忡的。

我听到这种事情还觉得挺稀奇的，书香门第一般都有文化，怎么还这么不自信？后来一了解事情过程才清楚，原来这个年轻人受家庭影响，说话都会带有一股文化腔，总有人说他不是 21 世纪的人，只要他随口说几句诗意的话，就容易遭到“吐槽”。

他从小到大生活在一个家教很严的环境下，做事非常谨慎，就怕遭到嘲笑。可不料在他上学后别人的挖苦就没停止过。在没有网络的日子还能好受些，大部分的人只是躲在背后议论，可是网络出现后，他在网络上发表任何言论都会被人嘲笑。后来他干脆连说什么话，怎么组织语言都要经过深思熟虑。

听说就因为外界的困扰，他开始变成了双重人格，而且也逐渐变得沉默寡言，不喜欢和人相处，做任何事都要考虑会不会遭人议论，是不是又要遭到嘲笑，久而久之就有了自卑心理，而且也越来越懦弱。

害怕外界的眼光是件正常的事情，但活不出自己真实的样子就是不正常了。人之所以活着不是为外界作秀。我们不是演员，学不会伪装出一副样子给别人看，所以就别让自己心累，自己是什么样就是什么样，被外界事物所左右只能越来越自卑。

事情考虑多了就成了心中的杂质，想要过滤掉就必须遭受痛苦。与其难受，不如真实生活，有错可以去更改，但有心病就要被折磨了。

何必让自己伪装成别人喜欢的样子，世界这么大，有人欣赏你同样也会有人厌烦你。

2

我们总爱自寻烦恼，就是不愿安宁地活在当下。

我想大部分的人都遇到过夜半无眠的时候，因一些事或一些人而忧心忡忡。其实考虑得太多也没有太大作用，反而会让自己更爱发牢骚，更容易情绪化。

但还真有不去把事情复杂化的人，这种行为挺令人惊讶的，毕竟很少有人能做到不受外界影响，一心只做自己。

这人是我叔叔家的一个女儿，干幼教工作也有三个年头了，她从开始工作就不太顺利，处处碰壁，但这也从未影响过她。

毕业那年，她被分配到一家当地有名的幼儿园。她去了两个月，因为没有经验，不会照顾孩子就被学校辞退了。事业上出现了问题并未打击到她，她反而越战越勇，觉得抱怨也没用，还不如哪里欠缺就补全哪里。后来她找了家同样有名的学校，干了一年后事业刚有些起色，就被其他学校挖走了，进入了一家更好的学校。可是没多久她又因家里的原因回到了城镇，找了家普通的幼儿园一直工作到现在。

今年年初我遇到她，问起她是不是后悔过。她轻描淡写地说，这根本就不算什么，既然是已经发生的事情，就别让自己想来想去的。即便想很多，把事情分析透了，也没办法挽回，有那个闲工夫还不如开开心心地做其他事。

其实很多人想来想去也都是围绕烦恼本身，问题并没有得到根本性的解决。想太多，只能加重烦恼，却改变不了已经发生过的事。

只要内心强大些，就不怕受外界影响。情绪越来越多都是因为把事情想得太复杂，因为别人的一句话就想不开，其实是在自寻烦恼。

当下复杂的社会环境也带给了许多人困扰，买车买房的压力总是让人头疼，甚至有的人一到夜深人静就吸着香烟苦思冥想，越想越为生计发愁。

因为想太多而带来的烦恼都是自找的，明明可以简简单单地去面对生活，却非要考虑难以改变的事。给自己不停地添乱，会使自己变得更加自卑。

想事情是可以的，但不要只停留在烦恼本身去想，更多的是要考虑该怎么去解决问题。

3

人心复杂，太多的事让人难以接受，可是很多事无法改变，你非要为此忧愁，何必呢？

我们活着每一天都在承受压力，所以别把自己想象成圣人，我们也不是大罗神仙，不是想想事情就能轻易地解决的，如果我们总是在意外界对我们的评价，自己注定不会好受。

心中的执念该放下就要放下，放在心中不会升值，只会不停地折磨你并产生负面影响。我们本就面对着太多的事，要照顾到工作和感情，又要为衣食住行而奔波，何必还要自寻烦恼。无论是我们错过的事，还是昨日发生的不愉快，终归已经过去，最好的面对方式是总结，最愚蠢的方式是纠结到底。

有时候我们都在自欺欺人地活着，明知事情想多了就头疼，明知把事看透了就心累，却偏偏固执下去，其实不是在解决问题而是在折磨自己。

每个人只要活着就会有跌宕起伏的时候，但无论是好事还是坏事，几年后再去回想终是淡然一笑而已。所以人不要让自己落入情感的陷阱，而是要收拾好心情继续向前走。

你可以一无所有，但不能一无是处

前期的一无所有并不可怕，怕的是你始终一无是处。

1

电视剧《一仆二主》里有句话：男人可以一无所有，但不能一无是处。

昨天在图书馆，老远就听到有人哭鼻子，走过去一看，老熟人，妹朵。她是我一个朋友的表姐，刚认识的时候她正准备结婚，可这大半年不见，她当初的气质都不复存在了。

于是，我便矮下身问她究竟发生了什么事。

妹朵很委屈地说，自己真的不清楚该怎样继续过日子了，烦心事接踵而来，感觉天都塌了。她还说，男人是不是都有贪玩的心？谈对象的时候特别殷勤，可结婚后却游手好闲，整天无所事事，而且还总是冒出一些天马行空的想法。

作为男人，我听了极为尴尬，可是她平日里也不算是无病呻吟的人，说这一席话肯定是有原因的。后来她说了实情挺让我惊讶的，原来她嫁的那个男人虽有想赚大钱的心，可只会吹牛却不思进取，尤其是跟一群狐朋狗友混在一起后，更是变得很不着调，天天喊着要唱歌，看着某个女团火了，就觉得自己也能火，可是他唱歌又不行，就去搞直播，把自己想象成网红，戴着金链子大手表。

这男的在和妹朵恋爱前是个理发师，虽然收入不算多，但起码能和妹朵两个人一起赚钱。可谁料到后来他偷偷把工作辞掉，整日蹲在家里唱歌。当时妹朵以为这只是个爱好而已，也就放纵着他，可谁知他从此一发不可收拾，以致家中经济收入都依靠妹朵。

现在因两人吵架，事情也掩藏不住了，妹朵的父母就坚决让她离婚。听她一说我也替她感到不平，依靠女人的男人算什么男人？人可以有兴趣，可别过头，把兴趣爱好当饭碗，至少在没有经济来源能支撑兴趣的时候，就别多考虑了。毕竟一旦玩过头，损失也会十分惨重。

妹朵表示自己也想离婚，我很认同她的想法，还告诉她，一个人如果什么都想去做，什么都想要去尝试一下，最终结果肯定是一事无成。

总有人喜欢天马行空地乱想，觉得一时冒出的梦想就是自己要走的路。可这人心若是没有定向，做事没有目标，那就是空想。

不是学习一大堆的技能就会样样精通，没有动机和意图地去学习，只会让你一无是处。

一个人可以不去辉煌地度过一生，但绝对不能一无是处地结束一辈子。

2

我遇到过不少不仅一无所有还一无是处的人，但有的人能够痛改前非，有的却昏昏沉沉地堕落下去。

去年，我在公寓楼里认识了一个刚出校门的学生，专科毕业。他找不到工作就闷在房间里玩游戏，每次我路过他房间门口都能听到里面玩游戏的亢奋声音。偶尔能见到他跟朋友出去喝酒，这大概是他唯一出门的时候。后来有一次他喝了点酒敲错了房间门，我开门的时候挺惊讶的，但他就是拼命地向屋里进，后来就趴在我家沙发上睡了一晚。

第二天醒来后，这大学生就懵懂地问我发生了什么事，我解释了一番后又劝他别喝太多酒，当时他一副伤心欲绝的样子，解释道，自己喝酒是想要解闷，最近过得太压抑，找工作也不顺心，自己家里又没有关系，而且自己又笨、又懒，根本就没人愿意要。

悲观只能让人继续沉沦，并不会成为解决问题的方法。后来我把自己离开校园后的经历告诉了他，才让他有了点乐观的情绪。之后他自己通过 App 找了份工作，业绩也挺不错的，我们也成了挺好的朋友。

每个人的性格不同，所以处理事情的态度也不同。乐观的人能够坚强地熬过困难期，但悲观的人就会埋怨自己没有能力，失去了动力，最终变得一无是处。

每个人的身上都有闪光点，只是有些明显，有些还没有被发现，所以别主动放弃自己，或许你有未被激活的潜力。

我也遇到过一无所有又甘愿沉沦的人，这是我当兵时在看守所听到的事。此事发生在一个四十多岁的中年人身上，就因为他一无所有又一无是处，由于生活所迫，最终动了邪念，人生有了抹不去的污点。

这人一直都是个不着调的人，干工作三天打鱼两天晒网，而且他结婚那年欠债很多，但却不知赚钱还债，就这样一直拖拉着。后来他妻子因病身亡，所有的重担都落在他一人身上。他并没有因此紧张，还是潇洒度日。后来别人不借钱给他了，他就断了儿子的学业，依靠儿子打工赚的钱来享受生活。看着他大鱼大肉，儿子一气之下就去了外地打工，这人难忍清贫，爬到邻居家盗窃，最终被逮捕。

一无所有真的不算什么，但就怕不努力弥补一无所有，并且以无所谓的态度对待，最终沦落到一无是处还不愿意清醒。

当你一无所有时，别慌张，请在你能力允许的范围内发力，请拼尽全力去逆袭。

3

当你看完这本书，别一边喊着要努力，一边还是窝在家里吃着零食打游戏，这样你不仅会一事无成，还会变得一无所有。

可能你会说自己也曾冲动过，曾鼓起勇气追求想做的事，但做了之后效果不尽如人意。可半路而退也改变不了你一事无成的模样。或许你会说自己没有太多的追求，可是如果你考虑一下如今的物质压力，就知道你和生活的需求有多大的差距。

其实人生就像是一份考试卷，每个年龄段都有不同的问题，如何作答取决于你每个阶段对待生活的态度。我们要搞清楚，并不是喊喊口号就能轻松拿到满分，要的还是实际能力。

在没有背景的情况下，每个人在刚开始都是一无所有的，这段时期正是磨炼自己的时候。我们可以去努力，去充实自己，只要用心对待生活，想要的都会得到。

你可以一无所有，但不能一无是处，物质上的缺失总能通过后天努力来弥补，可精神上的缺失会让你还未弥补就已被摧残得颓废。

别问鸡汤有没有用，反正你也不愿付出行动

我们总幻想前程似锦，却空有满腹理想抱负。我们只愿纸上谈兵，却不愿为之付出行动。

1

昨天晚上去参加一个名家座谈会。坐在我旁边的是前不久认识的朋友，他正襟危坐，却时不时地点头表示同意主讲人的观点。本以为这次座谈会能改变他懒惰的毛病，可即便是被灌输了大量的道理，也认清楚了自己的缺点，他仍照常消磨时间。

之前他靠卖游戏光盘维持生活，每张光盘十块钱，成本很低。可是他这个人一点都不现实，明知自己能力差，还非要学着别人大吃大喝，时常出入娱乐场所，偶尔去摊位上吃个夜宵，每个月花掉的钱远远超出赚到的钱。

他前几天在朋友圈里痛骂社会的不公平，还要给自己贴上一个努力的标签，看了那段话我很心疼，觉得一个年轻气盛的小伙子是不该颓废的。于是我托人拿了几张座谈会的门票，约上他和几个好友去听课。

现场听后他感想颇深，可踏出门就恢复了原样，生活中照常认不清现实，还要在朋友圈里哭穷。听说他还经常向微信好友讨要红包，就是不愿通过自身努力实现价值。

当初我还听他讲起未来的规划，说是以后要开个小店，买辆小车满城转。可他现在一天赚不到五十块钱，还满口理想抱负，一切都是空话。

总有人把未来规划成前程似锦的样子，现实中却活得浑浑噩噩，总有思想上的远大理想，却没有任何行动上的付出。

未来是看不见也摸不着的，当下谈未来，其实都是在胡思乱想，连当下都没有过好的你，还去谈什么以后。

2

刚开始写文章的时候，有读者把我的作品定义为“不是鸡汤的鸡汤”，意思就是表面上酷似鸡汤，读上去却句句戳心。

写作让我收获了不少读者，于是微博私信也多了起来。至今让我印象挺深刻的是一位正在读大一的学生，她发来私信说，你写的文章让我深受启发，可为何我还是过得一塌糊涂？

后来我了解到她的情况，原来她考上自己向往的大学，却迷茫起来，她说自己明知道努力才有成果，却非要跟着同宿舍的人虚度光阴。在别人口语成绩达标时，自己却还停留在刚进校园时的水平。其实她也幻想过坐在大公司里吹着空调，每月拿着高薪水的生活，她也看过几篇大学生该读的鸡汤文，可就是割舍不了跟舍友们的友情。

我回想自己的经历，其实刚开始我也愿意和别人待在一起，可后来由于求职原因就落单了，但省出了许多时间做有意义的事情。我想若不是当初有一段这样的经历，或许你所看到的书籍中就没有我的。

好多人都有一个毛病，喜欢胡思乱想，把想做的事情简单化，等到了跟前才发现其实前方还有一面墙难以翻越。还有一种人是只想象却不愿付出行动的，明知努力才能达到目标却又嫌麻烦。但无论是哪一种结果，对我们而言都是一个定时炸弹，不声不响地就能带来致命伤害。

别议论鸡汤文有没有用，因为你自己就没想过要行动。

3

微博热门话题中，关于玩手机、深夜玩手机、睡前玩手机导致失眠的话题不计其数，评论中也有些人喊着要放下手机，立即睡觉。可实际情况是，第二天醒来后就忘记了之前的言行，照常拿起手机玩个不停。

大概我们这一代人被手机等产品惯出了通病，不去点开几个App就觉得一天都过得不圆满，可是打开软件又沉浸在手机的世界中难以自拔。

前几日刚好有同事找我，说亲戚家的孩子刚上初中，每天也不做作业，总是抱着手机看视频，后来听说他向家里预支了一个月的生活费，却用一天的时间打赏给了直播网红，其实目的就是让其在直播中提到自己的名字。同事问我有没有什么办法让他改掉这种习惯。

问题一来，也让我反思半天，自己之前恰好就是这一类人。

我时常抱着手机潜水在微博中，看几个搞笑视频，评论几个娱乐新闻，却早就忘记了有任务没有完成。其实我们都知道沉醉在手机中太久，就会成为一种病，可即便想要改变现状，自己也难以说服自己。因为这种行为，好多机会我都没能把握住，对工作造成了不少影响。自那以后，我才开始规划起生活，强迫自己做完事情才给自己放松的机会。

然后我说，毛病能改，但还是要自己去克制，一个人真心想做一件事谁也阻拦不了，除非这个人没有任何的自主意识。

有时候，并不是鸡汤真的没有用，只是我们难以说服自己而已。

想要做好一件事，鸡汤起到的只是警示作用，终究还是要靠自己。

4

有人说，好厌烦鸡汤让我这么做，有什么用？

的确没有用，毕竟你思想里根本就没有想做的念头。就比如，好多微胖或肥胖的人天天喊减肥，可能前一天还在跑着步，后一天就坐在沙发上吃零食；再比如上学的学生，前一天还在自习室里背诵课文，后一天就在宿舍楼里呼呼大睡。

有人说，鸡汤文真的是疗伤的药，明天起我就这么做，可现实呢？

谁的心里都有计划，可真的都为之努力过吗？别光喊着自己想要成为什么样的人，或者什么时候要行动，你一时兴起临时定下的目标，压根就不起作用。可能你能坚持一段时间，却不会一直督促自己直到完成。

想做又不做，最后只能羡慕着成功的人却望尘莫及。

谁都不甘于平庸，可是梦想不能寄托在一句一时兴起时的话语上，也不是在短暂的努力之后就能实现。

那滋生堕落的温床只会让你越来越昏沉，不会成就你想要的样子。

5

墨子说："志不强者智不达，言不信者行不果。"

当下，我们总把生活过得毫无行动力，或者做事总是三天打鱼两天晒网的，这样下去，我们不仅会变得蒙昧无知、混混沌沌毫无责任感，还会一直堕落下去。

我们都读过大量的书籍，也逐渐懂得了一些道理，可终究还是会抱怨人生。其实大道理都懂得不少，就是行动上没有任何的改变，宁愿沉沦，也不愿为了理想多下点功夫。

做人，不要像牛一样被牵着鼻子走，也不要沦落到像奴仆似的被人指点着行动。当你意识到自己容易放弃时，就坚持下来。给自己一个努力的理由，多想想偷懒的后果吧！

别问鸡汤有没有用，反正你也不愿付出行动。

你要是真有奋斗意识，就先让自己从懒惰的牢狱中逃出，让行动和思想同步，胡思乱想、空口说大话谁都行。

你穷，是需要被可怜的理由吗

别把穷当成你不上进的借口，也别把穷当成你好吃懒做的挡箭牌。

其实穷并不可怕，可怕的是你没有志气，也没有上进心，还看不到任何希望。

1

下午，朵朵向我讲了件极为头痛的事。

她有个从小一起长大的闺密，二人一直情同姐妹，关系是相当好，可前几天因一件事闹掰了。对方骂她小气，还把她的缺点都数落了一遍。

毕业后，她们进入同一家公司工作，朵朵一直视她如亲姐妹，对方也多次跟着她海吃海喝，处处跟她沾光。

一个月前，朵朵网购了一条裙子，还没穿便被闺密借走，她觉得都是多年的好友，借她穿几天也无所谓，可是这一借就再也没有消息了。

而且借东西也成了常态，闺密经常借走她的化妆品，或拿走她的名牌包，借走就不再提，朵朵这个人又心善，也不愿意去主动提起。

可对方似乎得寸进尺，把借走东西当成了理所当然，压根没有要还的意思。

次数多了，朵朵也很烦，便委婉地提醒了闺密，对方不情愿地还回了几件。

后来闺密借东西有了更多理由，用男朋友当借口，说借东西是为了形象，朵朵没在意，觉得闺密要是真恋爱了自己就有力出力。

可就在昨天，她闺密突然流着泪跑到她房间。本以为是失恋了想要几句安慰，可对方抹掉眼泪就一副可怜样向她借钱，说是要和男友去香港旅游。

这次朵朵就没忍住，说了一大堆提醒她注意男方的话，劝她不要着急花这笔钱。没想到闺密当场翻脸，揭露了朵朵的各种短处，甚至指着鼻子大骂她抠门，说她自私，不顾及朋友的感受。

无可奈何的朵朵看到对方疯狂的样了，直接掐住手腕推她出了门。

事情发生后，朵朵打电话对方也不接，最后微信发来一条语音，点开是个男声，用恶毒的语言骂她是无情小人。

委屈的朵朵难受了一晚，第二天一早就打来电话问我怎么办。

我想，人为什么非要委屈自己而成全小人呢?

有些人总喜欢装出一副可怜巴巴的样子，乞求别人的同情，而且还总是充满心机地逃避各种花钱的场合，免费的场合却少不了他们。这种人一旦有了好事就自己向前冲，有了坏事就把别人推向前，毫无道德。

与其把钱给一个忘恩负义的人，还不如捐给那些更需要的人，相比于前者，后者更有意义。

没钱不是理由，穷是自找的，穷得理直气壮就是不讲理。

2

爱占别人小便宜的人数不胜数，他们总以为别人零智商，但不知别人之所以不索要偿还，只是不愿斤斤计较罢了。

所以人一定要有自知之明，毕竟天下恶人没有好下场。

上高中那会儿，由于学校是封闭管理，所以吃住都在学校。

宿舍有个人外号叫小胖，不太爱说话，但却颇有心机，经常蹭吃蹭喝，而且隔几天就换个人蹭，几乎被他选中的“幸运者”都要被吃穷。

他利用人的手段很高明，变着法子伪造理由，每次还让人信以为真，比如为了蹭饭会以忘带饭卡为由，为了借钱谎称自己没钱坐车回家，大家出于同情都可怜过他。

起初我们是不在乎那点小钱，可有一次几个同学聊起他，都说他喜欢蹭饭，喜欢借钱，大家大致算了算，他一个学期能省好多钱。

可怕的是，同学们都以为他只找自己一个人蹭饭，没想到受害者有好多个，于是就组团去讨债。但小胖不承认借钱的事，只承认蹭过饭，还以家里穷为挡箭牌，说因为没钱才出此下策。

他还硬着脾气表示，若是想让他偿还，就一块去吃顿饭，然后原谅他算了。

在场的同学脸都黑了，觉得他没道德，还不讲道理，明明曾经借过钱还谎称没有，打死也不认，非要伪装成受害者。

自从被人揭老底后，他几乎就成了人人唾弃的对象，没人愿意理睬他，更有甚者还“扒光”了他的背景，他家的确有些穷。可穷终究不是理由，穷是可以努力改变的，但人品差了要怎么改变？

做人要守住道德底线，缺不得人品，即便你穷也要有骨气，不能把没钱当成被可怜的理由。要是人人都去纵容穷人的为所欲为，那么社会也大可原谅为了生活而偷盗行窃的行为了。

多想想自己穷的原因，从根本上解决问题，而不是靠着狡猾和奸计来拿别人的钱。

我们用实力赚来的钱，为何要用来同情一个人品败坏的人？

3

现实中，似乎更多人喜欢将自己说得很穷，以赢得别人的同情。

总认为吃饭时，有钱的人去付款就是理所应当，觉得看个电影，工资高的人就要去包场，可是做出这些行为前，你考虑过当事人的感受吗？

我曾遇到过一个女人，她喜欢吃别人的，用别人的，甚至连化妆品都不会放过。看着她向别人索要护手霜那个渴望的眼神，看着被要求者难堪的表情，我当时就在想，这人是在什么心态支配下才厚着脸皮求人的？

直到她把目标转向我，甜言蜜语说尽，想要讨杯奶茶喝，我当时就问，我和你有什么关系，为什么要惯着你？

一句话就让她矫情地哭起来。

等哭过闹过后，她还照样会被人拒绝。既然有那个闲工夫闹事，还不如多提高自己的能力和品行。你要是为人善良，真遇到难事总会有人伸手扶你一把。

别把自己伪装得很懦弱，你要是没钱就想办法赚钱，即便伪装出一副乞丐样，也改变不了你现实中的穷。虽说努力不可能百分之百获得回报，但起码比你放任自我，随波逐流要好得多。

谁都不欠谁，所以也别总去麻烦别人。

你穷，请你努力，没人愿意做你的钱包。

第五章

你努力合群的样子，真的好孤独

我们都曾在颠沛流离时孤独过

忍一时的孤独，可能成就一世的辉煌。

1

很奇怪，似乎好多人都害怕孤独，也想方设法改变孤独。

我春节后回到杭州，发现之前认识的编辑太子不见了踪影，吓得我赶紧联系他想问个究竟。片刻，太子回我电话说：他不想在外漂流了，觉得太累，不仅是精神上的折磨，连生活都过得疲惫不堪，他想要留在老家，待在父母身边。

人各有志，虽说我挺伤心的，但毕竟生活在有压力的城市，更容易使人抑郁。后来太子偶然聊起辞职的事，他说一个人太孤独了，感觉漂流在异乡城市里无依无靠很可怜。

听他一说，我也很心酸，不知自己孤独地做着自己喜欢的事，究竟是为了什么。

伤感的我，戴着耳机趴在天桥上，脑海中只留有孤独的意识。我也在想不如算了，别人成群结队地嬉嬉闹闹，我却一心研究创作，独守孤独的生活，多无趣。但我又看到很多为了生活奔波的人，他们匆匆忙忙行走在路上，即便是挤在公交车上，也会露出喜悦的笑容。还有背着麻袋的建筑工人，虽然一个人戴着安全帽走在街上，但从炯炯有神的目光中能看出他对生活的执着。

难道他们在这颠沛流离的日子里就不孤独？我想他们应该一心憧憬着未来，便忘记了孤独的感觉。

我们活着正是为了混出个样子，没人逼我们选择在颠沛流离中孤独，但你要是选择安逸中的热闹，虽解决了孤独却放弃了证明自己的机会。

年轻时的颠沛流离，是为了对日后的生活有所交代。虽然不是选择安逸就一无是处，也不是颠沛流离就一定能成功，但人总要给自己一个机会，哪怕孤独，也值得。

2

下午一点钟，一位不相识的大哥提着一袋土特产跑到我这里串门。见到他时我挺惊讶的，毕竟搬来这么久也没见到这人。后来经他简单介绍才知道他是刚来的邻居，于是我就请他进屋坐了会儿。

简单地寒暄后，我们又敞开心扉交流了异乡生活的感受。邻居大哥说，他之所以来到外地就是看准了当地的项目，可能别人都不会理解，觉得自己老家也有工作，何必还非要去外地漂流，但毕竟每个人都有自己想做的事。

邻居大哥说起他的故事，他年纪轻轻就辍学，独自背着行囊去广东闯荡了几年，后来干够了就来到这边，想看看能不能找到更适合自己的工作。和他同龄的人差不多都结婚生子了，他却连个房子都没有，只能漂流在外。后来邻居大哥憨厚一笑，说虽然没结婚，但比那些同龄的人都有钱。

他说，想要实现自己的价值就一定不能随波逐流，别人结婚了别眼馋，有些事早晚都会来，但过了奋斗的年纪就回不去了。

人这一辈子其实挺简单的，要么选择随波逐流，像平常人那样生活；要么就颠沛流离，在孤独中奋力一搏。

人生在世，走的每一条路，其实都是自己选择的，这些路很长很远，也没有人陪你一起，只能靠自己。

3

有人之所以选择颠沛流离，就是为了证明自己，所以他们才去适应孤独，击败孤独，成就心中所渴望的一切。但有的人害怕孤独，在颠沛流离的日子总想要挣脱难忍的孤独感。

叔本华说，每个社交聚会一旦变得人多势众，平庸就会把持统治的地位。而越能感知自己，越容易接受独处及孤独的人，往往越会异常警惕社群。

很多人会问留在北上广打拼的人，你漂流在外没有朋友，难道不觉得孤独吗？

孤独是捉摸不定的，可能有的人做错了事，被人批判而难以找到倾诉对象时，内心的孤独感就会随之而出，但过后这种感觉也会淡然。

大学毕业后，一个同学毅然决然地选择前往北京发展，毕竟那边有他想要的事业，机会也多。生活在繁华的大城市，所有的酸甜苦辣他都一个人体验着。但他这个人很能忍耐，也很坚强，所以在颠沛流离的这段日子里也没怎么难受。

平日里他以研究文案为乐趣，有时候也会喝着卡布奇诺连夜写方案，但闲着的时候就会去看书，生活过得特别充实，一点都不觉得孤独。

有一次我还问他在外漂流的感想，难不成一点都没有孤独感？他回复了我一行字，孤独的人都是闲着没事才去想孤独的。

这句话引起了我的反思，或许一个人真是闲着没事，生活迷茫了才会觉得孤独。若是工作任务繁多，自己把生活过得充实了，谁还会有心思抱怨过得太孤独？

颠沛流离这条路是自己选择的，也是要一个人亲自走完的，并不会有人无缘无故地帮你一程。

4

小张是我销售部的一个同事。他并不喜欢孤独，所以就跟公司里几个想法类似的人鬼混在一起，一下班要不就去泡网吧，要不就去打牌，反正就是人越多越好。

后来喝酒的人越来越多，场面话、客套话也多了起来，小张都分辨不清真假，以致他在公司中特别得意，觉得自己朋友多，有人罩着。后来他故意跟同部门的人吵闹起来，还一本正经地威胁对方说，别自找麻烦，否则我会让你好看。

可他打完电话，外面那些狐朋狗友不是用很忙脱不开身为理由拒绝帮忙，就是答应了出面却迟迟不见人，反正最终是没有人出现，而公司那群自称是朋友的，有两个选择拉架，有几个早就躲了起来。

害怕孤独的人总喜欢尝试接触社群，却不知社群很容易侵蚀一个人的能力，会让人在和其他人融合后，如同物质发生化学反应一样，瞬间丢失部分特性。

孤独其实更能让人变得清醒，把人生看得更为透彻些。

5

人世间，孤独是不可避免的，在颠沛流离的日子里更是少不了孤独。虽然没人倾诉，没人帮忙，但一个人能勇敢地面对孤独，就会有勇气面对现在和未来。

面对孤独，别盲目慌张。沉静下来思考孤独，可能会让自己变得成熟起来。

我们的人生，无关别人，只能自己去面对。在颠沛流离的日子里，我们缺少的不是能慰藉孤独的情感，而是勇往直前的勇气和坚持不懈的决心。

也许现在我们风光无限，但外人不知我们曾挑战过怎样的千难万险。

也许现在我们打扮得绚丽非凡，但黄冠草服时也有外人不了解的不堪。

也许我们强忍着心酸笑得灿烂，但外人不知道我们曾在深夜哭断衷肠。

所以，没有人那么在乎你，你要自己重视自己。

人生的路有两条，你可以平庸，也可以拼搏，但后者绝对会让你在颠沛流离时尝到孤单的滋味。你忍过了也就通往了胜利之路，忍受不住就意味着面临淘汰。

无论你的朋友有多少，人生之路他们也不会替你走。

与其努力合群，不如孤独生长

你努力地活成别人想要的样子，却在不知不觉间使自己变得堕落。

1

昨晚和朋友聊了好一会儿，他提起自己从前盲目从众的经历。刚毕业那阵子无所事事，他进入公司后变得沉默寡言，跟同事没有什么共同话题。他自己便试图融入他们的圈子，可后来体验了一把他们的生活，感觉自己简直跟他们生活在不同的年代，后来自己又远离了同事们。

我很惊讶，如此努力地活成别人想要的样子，心里真的会好受吗?

他说，自己也没办法，毕竟人生来就怕孤独，一旦不合群就会被人排挤，还好自己现在找到了自己想做的事，一点都不觉得孤独。

听说他曾融入的那个圈子过着花天酒地的生活，这让我对他退出圈子更加赞同。融入一个颓废的圈子，证明你在向堕落接近;

当你完全适应一个颓废的圈子，就会被社会淘汰。

所谓近朱者赤，近墨者黑。并不是什么样的圈子都适合自己，不要为了合群去做不喜欢的事，最后在岁月洪流里逐渐迷失方向。

即便你不合群，也未必会被社会抛弃，但你在合群中颓废了，就会被社会提早淘汰。别人热衷于游戏，你别跟风去模仿，别人沉醉酒场，你也不要盲目跟随学习。

有些圈子其实就是个骗局，你所看到的热闹，仅仅是一种放纵，而这种放纵就是对自己的放弃。

2

有个调查显示，中国人比西方人更害怕寂寞，不知如何利用一个人的时光，又害怕一旦独处就会被贴上“不合群”的标签，所以都选择盲目地从众。

以前我就时常听别人讲，谁家的孩子跟傻瓜一样，不跟人接触。但等我了解后发现，其实这些孩子更享受自己的独处时光，之所以不和其他小伙伴为伍，就是因为兴趣爱好都不同，没有共同话题。

一个女同学，刚入职场就提心吊胆地工作，生怕别人对她有什么意见。

那段日子，她每天上班都会主动跟人问好，有时候还带杯咖啡之类的讨好别人，之后她顺利地成了公司姐妹团的一员，过上了合群的日子。她隔三岔五就跟同事去喝酒，但她其实对酒精过敏，连续拒绝了几次又怕人误会不给面子，就喝到过敏，皮肤发红。周末一群人约好了去逛商场、做指甲，其实她手头紧，但还是一脸喜悦地跟大家去了，即便是过着苦日子也绝口不提。

后来，有个小姐妹准备结婚，并且邀请了姐妹团的人去，这群人盛装出席却受到冷漠接待，回去后气得说要把这人踢出姐妹团。

这件事唤醒了她的意识，原来这都是虚假的姐妹情谊，不堪一击。之后她选择离开，找了个工作轻松的公司。在做好自己的事情的前提下，才去和人交往，而且绝不会如往昔那样黏在一起，并且肆无忌惮地乱花钱，她再也不愿靠迁就妥协而“滥竽充数”地走在合群路上。

一心向往合群，并且无止休地砸钱，无节制地浪费时间，这可以称为无效社交，就是没有用处的社交，仅仅是为了解决寂寞空虚而已。

别为排遣一时的孤独感，把生活过成庸人聚会。

世界最支持的还是原创，请做自己。

3

有一段时间网上满屏都是破洞裤，可谓引领了新潮流，也让我想起一件事。

去年回家，一个朋友开车到机场接我，他也洋气地穿着破洞牛仔裤，于是我们一路就以破洞裤的潮流为话题讨论起来。他说起之前的一件事。

在破洞裤还没有成为主流的时候，他就开始尝试这种装束，但总有人不太理解，非说这裤子叫作乞丐裤，而且买一条还价格不菲。甚至有的人厌烦地说：裤子剪成这个样子，穿出去不让人笑话?

后来吐槽的人越来越多，他开始避免去穿这种风格的衣服，自己也觉得好像这种裤子不太端庄，说不定就是加工厂做残的裤子，故意剪个口子拿出来卖。可如今，谁没穿过破洞裤好像跟不上潮流了，甚至有些明星艺人就是钟爱破洞裤。

每个人都有自己的立场，可又受外界影响而改变观点，是多么愚蠢。

谁都该有自己想要的样子，而并非顺从大众的想法活着。

我朋友苹果先生，之前是个社交能力极强的人，能说会道，但后来他告诉我其实有时也过得挺累。我们要强颜欢笑面对别人，甚至有时为了利益而交浅言深的，在左右逢源的道路上越走越偏，活着就像是一具行尸走肉一般，失去了自我存在的意义。

后来，苹果先生也淡出了圈子，整天练毛笔字，有时候看几本励志的书，不过他最终也没能坚持下来，还是闯进了网游圈。但他生活中虽然经常用游戏消遣，起码避免了合群时失去自我。

别盲目地合群，有些圈子并不适合我们。你一味地合群，最终只会让你远离梦想，接受颓废，逐渐过上碌碌无为的生活。

人最忌讳的就是，活着活着却不知道自己是谁了，因为你戴上了虚伪的面具混在人群中，成了别人想要的那位。

4

偶尔合个群也没什么，但若因合群而迷失自我，逐渐消沉，那就是死要面子活受罪。

想去合群的人可能内心会有种恐慌感，觉得会被抛弃，会被别人无视等。可是你社交能力再强，自己没有生存的能力，也会让你陷入失败的黑暗期。害怕孤独，整日在酒桌、歌厅徘徊的人，结局肯定是碌碌无为，成为别人口中念叨的“咸鱼”，永远翻不了身。

所以你应该珍惜孤独，毕竟这段无人打扰的时间里，你能享受自由，也能做些提升能力的事情，以此积蓄能量，等待一鸣惊人的爆发。

大家通常喜欢通过别人的话认识一个人，或者套用世俗观念衡量他人。比如如今存在于年轻人身上最严重的被逼婚现象，有人认为结了婚的人生就是圆满的，成家立业就是一个人的成功，所以大众会把这类人视为成功者，但凡有些稍有不同的，恨不得将他们捆绑示众。

但有思想的人往往不会顺从大众的想法，而是想要真正地活出自己，敢于释放自己的个性。

与其为虚假情谊碰撞酒杯，不如多研究研究自己的未来；与其随波逐流地消遣人生，不如多学点技能充实自己；与其努力合群，不如孤独成长，去做属于自己的事情。

等你优秀了，自然有圈子会容纳你。

别认㞞，历经沧桑早就是世间常态

每个人都想变成心目中最好的自己，活得那么累，只是为了证明你可以。

1

“90后”也逐渐变老了，时间夺走了容颜也给了我们沧桑的经历。

前段时间，我考虑过一个问题，究竟我们那么拼命是为了什么？直到遇到一个好久不见的同学我才找到了答案。

中学毕业他就选择了安于现状，跟女友结了婚，两个人在私有企业打工，现在有个一岁的儿子。如今他却为当初的决定感到后悔，说了很多生活的不如意，除了每天面对些鸡毛蒜皮的小事，还要考虑经济压力，需要拿钱用于家庭开支，生活要过得很拮据才能维持基本需求。

当初他并没有考虑到生活的复杂，后来越来越多的压力让他焦头烂额。

我想，有梦想的人坚持着走下去，就是为了能够有个更好的自己，过上自己想要的生活，通过努力，活得轻松和自由。

安于现状只是一时之间的享受，日子久了往往会堆积更多的压力。总有人愿意丢下那些暂时的安逸，愿意真正地在路上奔跑！

就如同学习，为什么许多人对自己永远不满意，经常报辅导班？大概就是为了跟上时代潮流，也能够提升自己。

人生需要沧桑的过程，那只是上天考验一个人的耐性，等你逐渐有了能力，困局会自动消失。

2

在朋友圈经常看到有人发些和名家、名人的合照，虽然有些仅仅是一面之缘，但也足够令人羡慕的。

有时候我们转过身看看周围的人，都是和自己地位相当的，无论你怎样奢求遇到厉害的人物也没有用，因为你根本没有能力和他们站在一起。社会现实，物以类聚，人以群分，你要是不努力，和别人的差距终会越来越大，你只能看着他人和有社会威望的人交往，自己却只能和能力相当的人互相调侃人生。

努力的目的就是能够进步，不低人一等，同时你也会有资格和瞧不起你的人说一句再见。

认识的人多了，我们也就明白，你的身份地位越高，在别人的眼里越神圣。比如那些商业大佬，在普通人群里传得像是圣人，有的人只能仰慕，有的人却能通过自身努力靠近他们。

我们谁生来都不是天才，假若在最好的年华里只想着感情，只想着能够平平淡淡地度过一生，那么你这辈子也就像是一条直线，径直到达人生终点。

经历过沧桑才能向着成功更进一步，不仅是为了有个更广阔的朋友圈，也是为了给那些瞧不起你的人一记重重的耳光。

3

梦想是个很现实的事情。

你可以说它只是梦，但它却时刻引导着你前进。我们活得那么用力，无非是让梦更真实，希望不辜负自己所付出的艰辛。

之前我通过老师的空间了解了同学的现状，那些曾经誓死要考入名牌学校的人还真就成功了。记得那群人都是低头族，上课学习的时候格外用功，不浪费任何时间，甚至有的人起早贪黑，就连吃饭的时候也要看几道题，那会儿我还觉得这是种可笑的行为。

年轻的人总是觉得该狂躁的年纪就狂躁，其实这只是大众心理，许多人的家庭就是普普通通，父母所引导的也是简单的路，要是你自己放弃自己，那么梦想真的就无从谈起。

许多人通过学习取得了成功，也有的人即便学习不好也会在其他方面努力，通过自身的进步让自己成为一个领域有用的人才。而我们有的人，口口声声谈论着梦想，却躺在被窝里睡着觉，只能眼睁睁看着别人成功，心里满是遗憾。

梦想不是你躺着就会主动去找你，要付得出行动，吃得了苦头，方能成功。

我们今天的努力，是为了日后不让自己有后悔的余地。我们都希望活成自己想要的样子，可你只有现在用尽全力，才能让自己今后过得不费力。

4

生活总会给我们接二连三的打击，我们远行在外，没有任何的依靠，一个人孤单地漂流着。房租上涨，欠着水电费，漏雨的房间里被浸泡的地板翘起，那些让你头疼的生活在一幕幕地上演着，但哪个成功的人没历经过沧桑？一个人只有忍受住孤独，才能换来想要的生活。

你总想要旅行，但又会被时间和金钱所困扰，它们就像是一把枷锁，你低下头难受，抬起头又迷茫。你想要的一切总得不到。可你别忘了，如今的沧桑只是暂时的，总有一天会熬出头，想去哪里，你都有自由选择的权利。

我们面对的压力太多，总有人旁敲侧击地问我们工资多少，过年亲朋好友聚会也会有人问一句有没有谈对象，朋友喝酒吃饭会争论买车买房的事，若你功成名就则不会有如此多的烦恼。

柴米油盐的生活，酸甜苦辣的日子……无论是谁都要历经沧桑，没钱，孤独，让你像奄奄一息的鱼儿一样无助绝望，可你别忘记它还有跃过龙门的一刻，那时它就会成为许多人羡慕的对象。

当你经历着生活的折磨，同时懂得自我提升，才会闪闪发光。想要人前辉煌一生，就先人后遭罪 时。

不要说太多如果，现实只会去看结果，努力过就是最好的自己。你想要钱就要依靠勤劳，你想吃饭就需要动手去做。上天给了你诱惑，却不会让你轻易得到。

谁都向往海阔天空的自由，但都身不由己。我们就像蒲公英，经过风吹落地，再坚强扎根，总有无法逃脱的劫难在想方设法折磨你。

人生路太长，困难无须自找就会跟你较量。往往在你决定走哪条路的时候，上天已经为你制造好了麻烦。千万别低头认怂，人生不是黑暗就需要灯，下雨就不能走，你今天经历的大事，明年只是个故事。

任何沧桑都是成功之前的风雨，当你白发苍苍时再想起那段日子会觉得格外美好。

人生每一步行来，都艰难不易。你要成功，沧桑和苦难就像是甩不开的累赘。这世上的芸芸众生，谁又不是要这样经历呢？

真正的朋友无须想起，却从未忘记

人生路上遇到的人很多，但真正的朋友又有几个？

翻开手机，电话簿里还留着一些舍不得删掉的人，随着时间流逝就再也没有联系。很多友谊就是如此，在短暂的时间里，从肝胆相照到点头之交，甚至不再联系。

1

前几天和同学超哥一起吃饭，聊起了一些渐行渐远的人，听着那几个熟悉的名字，却感觉早已经陌生。往事如烟，许多人从你的生命中路过，又有多少人留在了你身边？

和超哥喝着小酒，吃着小菜，我抬头调侃起他说，“看你这样子，从来不知道打扮得时髦点”。他也会从我身上找点毛病来吐槽，但说出的话并没有让人恼羞成怒。

超哥是我最好的同学，记得上学时我们就把关系界定得非常清楚，不去做酒肉朋友，不去盲目从众，不沉迷在酒绿灯红的世界里，不和任何不上进的人成群结队。在这种共识下，我们把关系维护得很好，彼此没有任何嫌弃，也没发生过斤斤计较的事。

毕业之后，因工作城市不同导致我们难以相聚，但在想念对方时也会打一通电话，没有尴尬，也没因平日不联系而产生不爽快的情绪，所以这种感情从开始到现在就没有过压抑感。

朋友情多可贵，不急不躁，像是不热不冷的美餐，让人能够舒心地享用。

好朋友永远不会为难对方，即便“互损”也不会翻脸。他不会奢求你能带给他多少财富，却会一直默默地帮助你。

不是天天腻在一起才能称得上是朋友，真正的朋友即便相距甚远也不会疏远对方。

2

就算是再好的朋友，也会有互不理睬、互不关心的时候。其实对方不是厌倦了你，也不是另结了新欢挚友，而是在奋斗的路上忙于生计，但心里还是有你。

但有些人，陪你走过了一程，却不知什么时候，走着走着就散了。

可能我们都遇到过这样的情景，路上几个初中生肩搭肩，一副亲密无间的样子。或许你也曾经有过这样的经历，和一群热血青年拉帮结派，承诺永远是兄弟，但这些表面的患难之交有多少是走到最后的?

多少感情随着时间不复存在，就像是泡沫，炫耀了一把就消失了。

我就曾经见证过彼此好过的哥们儿，因为争一个女孩打得头破血流，最后两人闹到老死不相往来。虽然江湖朋友讲义气，但一涉及利益，总是闹得不可开交。

其实每个人都一样，年少时，曾以为朋友越多越好，可是等到成熟后就发现，能和你走下去的人少之又少。

有些朋友只是利用你，用得着的时候尽量恭维，目的达到就敬而远之，无论你是生是死，似乎已不再和他有任何关系。所以别被虚情假意蒙蔽双眼，渐渐地忘记了做人的原则。

真正的朋友，不是先来或者认识最久的人，而是来了再也没有走的人。

3

“晚来天欲雪，能饮一杯无。”

看过著名的管鲍之交，也听说过高山流水的事例，我们的身边也总会有一两个交心的朋友。你辉煌的时候不嫉妒，失败的时候也不嫌弃你，无论你多好多坏，都在你身边默默维系着感情。但我们身边也不乏互相利用，需要用金钱衡量位置的虚假朋友。

去年，我在杭州进行文学创作，本来生活方面还算是衣食无忧，但没料到交友不慎，遭到骗钱导致身无分文。当时我难过地和苹果先生打电话诉苦，他二话没说给我卡里打来一笔钱，至今我一直还说欠他钱没还，苹果先生却说那些都不是事。

在我的微信个人公众号后台，曾经有个读者留言说，朋友中有个势利眼，见到谁有钱就要去讨好谁，而且在他的一个日记本里有个小记录，是一个朋友排行榜，前三位都是有钱人。读者说他跟这个人曾经是挚友，可是由于他跟排行榜中的一个人吵架了，所以两个人的关系就僵化了。

真正的朋友总能在需要的时候第一个站出来帮助你，不会刻意躲避，不会见死不救。

他知道你过得好，会开心；知道你过得苦，会伤心。

朋友的感情其实就像是一坛酒，沉淀的时间越久，酒香味道就越浓。

4

在外公去世那天，我和表弟两人走在冷风吹拂的路上，我问起他在学校相处的朋友都是什么类型，表弟说都是挺仗义的，可能平日里并没觉得他们会刻意关注你，但只要你遇到事情，他们总会通过各种渠道得知，并且提供力所能及的帮助。

表弟说起他在学校里被几个小混混要挟交保护费，由于害怕，他还真的把部分生活费给了那几个人，原本不打算告诉别人，但没料到朋友竟然知道了这件事，帮他讨回了公道。

在你不顺心的时候，可能碍于面子不愿告诉别人，但朋友不等你说出口，就会主动靠上来帮助你，愿意为你做一些事情，拦都拦不住。

他们不需要你多么感激，只需要珍惜足矣。

5

真正的至交，不必时常联系，也会不离不散，无论高低贫贱都会默默相守；真正的友谊，即便不能相濡以沫地在一起也会相互挂念，闲时常聚，忙时相知，不以万里为远。

随着年龄增长，地位变化，我们认识的人越来越多，但是真心的朋友却是少之又少，时间无情，友情变淡，人生路，知己朋友几个足矣！

就如谭咏麟《朋友》里的歌词：人生如梦，朋友如雾。难得知心，几经风暴。为着我不退半步，正是你 。

时光不老，友谊不散，虽然有的人和我们相距甚远，但却是最重要的存在，至少我们见了面也不尴尬，总有聊不完的话题，有说不完的故事。

在人生三大情中，爱情最傻，傻得可笑；亲情最浓，浓得深沉；友情最轻，却轻得舒服。

最好的朋友就是在你迷茫的时候主动拉一把，难过的时候抱一下。真正的朋友，无须想起，却从不忘记。

朋友间从来没有嫉妒，没有任何的攀比。你赢，开心地看你瓜熟蒂落；你愁，伤心地陪你一醉方休。

希望多年以后，提着老酒，你我依旧还是朋友。

人生路上，请把优秀当成一种习惯

一个人，若从来不努力变得优秀，那他根本不清楚自己会有多优秀。

1

风是我的一个高中同学，各方面都很优秀，让人佩服得五体投地。

他初中就在许多比赛中荣获了奖项，比如全市的奥林匹克数学竞赛、英语口语比赛，甚至连象棋这种业余爱好都能拿奖。而且风上高中后就一直保持优异的成绩，他是年级最厉害的学生，时常代表学校参加比赛，成了响当当的小红人。

考入大学后，他优秀的习惯还始终保持着。据了解他的人说，自从风进入大学，每一年都能拿到奖学金，而且他领导的社团几乎是最优秀的。

想起这个传奇的人物，我甚至有些敬畏，难以想象是种什么心态在支撑着他。

去年回家过年，恰好碰到了风，我便问他的“优秀修炼宝典”

究竟是什么。

风笑着说了句让我记忆深刻的话，“人要么优秀下去，要么一事无成下去”。听完后我也恍然大悟，原来就是这种紧张感督促着他从未放弃优秀，大概这奋斗路上优秀的人太多，要想不被社会淘汰，也只能在奋斗的年龄里不断学习，挑战自己。

见到我面无表情，风扑哧一笑。他又说，所谓的优秀无非就是一种习惯，一个人做事长久些，那这件事肯定做出来就是像模像样的。在风的记忆中，他从不赖床，每天坚持锻炼身体，多看有益于自己的书籍，下午没事练练书法陶冶情操，他做任何事都是全身心地投入，并且吸取经验不断提升自己，最终他成了全能型的人才。

优秀的人并非天生优秀，往往一个人优秀是因日常习惯的养成，久而久之就熟能生巧，从而变得优秀。

2

上高二的妹妹学坏了。她辍学在家，终日无所事事。

我质问她为什么想要放弃学习，难不成学生时期还有比学业更为重要的事？她给出的解释挺让我惊讶，原来她的所作所为是受外界影响。在她看来，学习好学习坏都没什么区别，反正都要沦为打工奴。而且她还理直气壮地向我举例子，说某某小学未毕业就成了当地“小土豪”，还反问我难道上学就有用处。

大概人总喜欢辩论，却不愿认真地反省一下自己真实的生活状态。有的人之所以成功，是因为他真的有能力，如果一个人只会幻想，又没有任何本事，就别再对成功抱有奢望了。

情急之下，我把朋友的事搬了出来。

第一位朋友是个极为上进的人，无论是学习还是在工作方面，从来不愿退后，只要稍有点新鲜事就一定要抢先了解。多年来，他始终保持着求知问学的习惯，就这样将自己打造成了全能型人才，如今在公司堪称是“专家”。

而另一位朋友却大不相同，他是甘愿堕落的那种人，觉得生活翻来覆去就是一个样，何必逼迫自己劳累下去，人生难道除了学习就不该享受吗？于是他秉承着这种思维方式去生活，最终混得一塌糊涂。他自认为有本事，做饭家务样样行，可真让他做点技术性或者知识性的事，就无能为力了。

其实人都有想要享受生活的心理，毕竟惰性是人人都有的，这种惰性存在于各行各业中，无论是领导还是员工都会有，但这种本性却是一种“毒药”，一旦打开后患无穷，轻者会使人落后，重者让人直接被淘汰。

人的付出和回报未必成正比，可能得到的并没有付出的多，但总要比什么都不去做收获得多。

优秀不是与生俱来的，一个人之所以有本事，是因为他有着优秀的习惯。而这种习惯无关乎学历，无关乎年龄，只要抛弃浑噩的思想，控制欲望和贪念，做任何事都保持做到优秀的习惯，总会走向成功，受人仰慕。

别借用“别人”来推脱自己不上进的罪行，其实你和别人是有差别的，毕竟别人之所以能成功，是因为他真的有本事。

3

一个闯荡职场的朋友告诉我，最近经常遭到领导的批评，他怀疑自己的秘书职位保不住了。

这个朋友学的是市场管理，毕业后成了一名秘书，从此干上了辅佐领导的工作，他觉得这是一种荣耀。但是他有一个很致命的缺点，喜好玩耍，尤其是过于高傲，觉得念了大学就足以使自己过好这一生，所以他从不愿意学习新理论让自己进步。他每天下班后都会和一群人勾搭在一起，沉迷在纸醉金迷的生活中无法自拔。

后来他陪同领导去其他公司做调研，那边的秘书周到地接待了他们，并且所有事都会替他们想到，根本不需要吩咐。回去后领导没记住这家公司的特色产品，却对他们的秘书产生了兴趣，再对比自己的秘书，觉得相差甚远。

说多了也惹得双方都心烦意乱，朋友早就写好了辞职报告，而且他也听说了领导正在计划招收新秘书。听他愤怒地埋怨领导，我又问他，难不成自己就做得十全十美了？明明是自己有错却不懂得审视自身缺点。

一个不求上进的人，早晚都会被人讨厌。所以一个人无论在社会中充当什么角色，都要保持学习的习惯。

有的人把生活过得太过浮躁，不愿意沉淀下来提升能力，以致适应不了社会的变化，又不满被社会抛弃，其实一切都应归咎于自己不愿学习。

优秀的人就像是食品，不断地变换包装，令人爱不释手，不优秀的人就像是衣服，容易让人喜新厌旧。

4

人生是由各种生活习惯构成的，平庸的人之所以平庸，是由于生活中从来不愿意提升能力，优秀的人之所以优秀，并非是天生优秀，而是习惯上的优秀。所以优秀的人从来都不是懒惰的人，他们在行业中能够出色地完成任务，这都归功于长久保持的习惯。

格拉德威尔在《异类》一书中里曾经说过，进入任何领域都需要一万小时的锤炼，才可以说真正入了这个领域，并成为这个领域的专家。

做一件事，始终保持优秀的习惯，肯定会让自己受益匪浅，而做事只有三分钟热度或者从没想过要进步的人，终会沦为平庸，所以你还没有挑战对手的时候，就输给了自己。

有句话说，“干一行，爱一行，钻一行，精一行”，让优秀成为习惯。做事不能只想着去完成，要做精，切勿企图蒙混过关，其实你翻来覆去骗的还是自己。当你选择了远方，就要义无反顾地向前，别输在懒惰上。

优秀在生活中的任何地方都有效应，毕竟人了解人先是通过外貌，其次就是内涵，你优秀了，才有人敢在你身上“搞投资”，才会尝试着深入接触。

生命中有无限潜能，你不去尝试变得优秀，怎么知道自己不优秀呢？

连简单的事都去纠结，你过得不费劲吗

只要你做事纠结，迷茫就会主动找上你。

1

我在杭州旅行的时候，曾碰到一位愁眉苦脸的小伙子。他是个留学生，曾在加拿大学过设计，之前在家人的催促下赴国外工作，但由于家中发生变故就匆匆地回了国，现在面对找工作就格外迷茫。

吃饭的时候，他说起自己的事情，让我印象深刻，他说：自己是个很纠结的人，处理事情总会犹豫不决，若当年不是他家里一个劲儿地鼓励他留学，如今他也就不会拥有留学生的身份。

据他自己讲，他从小就对任何事都持有犹豫不决的态度，买东西都困难，总是拿捏不定。有时候他就因这种性格，导致自己浪费了大把时间。

这种纠结还体现在上学选择专业的时候，他个人本想着去考美术学院，可家人觉得学设计更有出路。在几次谈话后他就改变了主意，其实那个时候他也很纠结，不知该坚定自己的想法还是听从父母的想法。

留学期间，这种性格更导致他过得很艰难。没有个人主见，做任何决定都要考虑很久。在别人报名学习其他技术的时候，自己却不知该如何是好，等到有了想法去学，别人差不多都可以去考等级证书了，而他在留完学后也变得不知所措，不知该继续待在异国城市还是回国。

他自己回忆，做决定的那天，一晚上都没睡觉，翻来覆去地想着留和走的利弊，而且越想越多，直至想得头疼了才停止。当他把这件事告诉父母后，家里人的第一反应还是让他继续待在加拿大。

他从工作后就觉得很不适应，再加之家中出了事，他才决定回国发展。他表示这是他做的态度最坚定的一件事。

回国后，他在网上投了简历，自然也收到几家公司的 offer，福利待遇各有差异，最终筛选剩下两家公司。一家工作以后能涨工资，一家工资较高却不会涨工资，其他的条件都很好，一比较就让他没了主意。

他觉得前者有升职空间，后者却更稳定一些，想着想着也就不知该怎么做决定了。那次我只负责听不发表意见，毕竟涉及一个人的事业发展，外人不好随意插嘴，往往一个观点就会影响或者误导对方。

这件事情已经过去好久，我也不知他到底是选择了哪家公司，但从他的言语中能够感受到两家公司都存有优势，无论选择哪一个对他都是有好处的。

2

通过他这件事，我想到了如今大部分人存在的缺点，喜欢纠结。

无论做什么事都犹豫不决，出门逛街见到好吃好喝的却不知要不要掏钱买，在商场购买衣服的时候也会表现出难以选择的样子，觉得都想要得到却又舍不得花钱，甚至喝饮料都不知要选择哪种味道。当有了此类毛病后，往往人生也会变得艰难，做任何事都会迷茫，似乎在经历短暂性的休克。

而人之所以纠结，是由于对事情本身不够了解，又缺乏信心。

当纠结的心思出现，便会更加患得患失，喜欢权衡利弊，害怕自己吃亏，通过相互比较，试图预见事情的结果。但世间所有的事并不是有了开头就会看到结尾，就如同我们读文章，看了开头也不会过早就知道结局。

其实，我们试图将两件事情比较的时候，就证明自己活得太糊涂了，根本分不清真正想要的是什么，就像是很多人纠结工作，不知该不该做，想要去尝试又会有各种担心，而且越思考越困惑。

3

在选择面前，我们总是左右徘徊，犹豫不定，虽然是出于一种自我防范的意识，怕选择的事物不对，但有些时候太过犹豫反而是为自己铺了一条难以通行的路。

面对人生，反复斟酌算是一种负责任的态度。可在生活中连小事情都拿捏不定，这种性格反而会害了自己。在生活中不知所措，会让自己变得更加迷茫。

我有个铁哥们，他就是个容易纠结的人，连上网买个衣服都是挑上几件，然后把手机摆在我面前问到底哪一件才适合自己。有时我会故意调侃一句，不如都买了算了，既然都加入购物车了，说明都是自己心爱的，他撇撇嘴又左右为难起来。甚者连吃个饭他都没有标准答案，有时约好了吃顿饭，问他有什么想要去吃的，他撇撇嘴，摇着头说不出来，买好了又不开心地说不喜欢。

犹豫不决的性格，会使得一个人过得疲惫不堪。

自己都不清楚该如何选择，还指望谁会给你一个标准答案？小事纠结多了自然会形成一种习惯，无论你遇到什么事都会纠结半天，交不出答案。连小事都去纠结，只能让自己过得身心俱疲，不能痛快地生活。

不是说在一件事面前深思熟虑就会处理得完美，有时候，这件事等不起你的选择时间。也有时，即便选择了也不一定就是对的。

4

拿普通的例子来说，在考试中犹豫不决，不知选择题的答案到底是哪一个，尤其是面对多项选择题更是焦虑。造成这种现象的一部分原因是，对知识掌握得还不够深，另一方面是担忧做错题，不确定选择是不是正确，又担心选择后会产生不好的后果。

所以思考和纠结是两种情况，思考是分析情况，会理清思路，纠结是不知所措，大脑一片混乱。

纠结大部分都是来自内心的恐慌和没有安全感，担心会搞砸事情，又对未知的事情有些焦虑，考虑得太多，形成了自卑心理，做任何事都会犹豫。

纠结往往会毁掉一个人的一生，因为一次纠结就会错过了许多事，纠结往往会让人失去进步的机会。

若是医生在手术台前纠结片刻，病人也许就会不治身亡，若是军人在战场上纠结一会儿，敌军也许就会攻打过来。当我们纠结太多，就会入戏太深，最终迷失了方向。

自信的人总是勇敢，纠结的人总是软弱。当纠结出现，内心的犹豫会让自己失去力量，没办法与困难抗衡。

人成功与否还是取决于行动。当纠结出现，要学会调整大脑思维，停止犹豫，立即行动，强制自己处于行动中，不要为了一件事苦苦纠结，最后什么都得不到。

做事情可以不去未雨绸缪，但千万别想得很复杂。我们心平气和地接受事实，泰然自若地面对人生，大事在我们面前都会成为小事。

记住，纠结会让人失去来之不易的机会，会让人忘记本身的能力，还会毁掉一个人的一生。

不是对手太强势，而是你太懦弱

这世界并没对你不善，而是你愚蠢地自找麻烦。

1

新来的同事是个年轻小伙子，长相文质彬彬，说起话来也是慢条斯理的，工作积极性很高，时常乐于助人。

他刚来那几天一直帮着同事干杂活，要是有人喊他帮忙，他第一时间就冲过去，久而久之大家也就形成了习惯，觉得他就是个打杂的。

几天后我就发现了他脸色有些不对劲，原本喜笑颜开的他却摆着一张臭脸。我在卫生间无意间看到他在哭鼻子，出于好心就问他到底遭遇了什么事。

小伙子泪流满面，被我询问几句更是止不住地哽咽，为使他情绪稳定，我就带他去了咖啡馆准备问个究竟。

在没有外人的情况下，小伙子一把鼻涕一把泪地对我诉说着工作中的苦衷。

他原本想着要尊敬老员工才去给大家帮忙，可是越帮越忙。

自己身为大学生还要处处巴结别人，而且还出力不讨好。之前他就帮过一个同事的小忙，反被指责帮倒忙，还遭到了鄙视。

他一个劲儿地做着舍己为人的事，自己工作却完成得很不好，受到上级的责备。

听他一席话，我顿时了解了他矛盾的心理，既想做好本职工作，又想在别人请求帮助的时候能帮上忙，说白了想做个老好人。

于是我便跟他讲，一切的麻烦都是自找的，刚开始尽力去讨好他人，时间久了便会被当成理所当然。不是别人都需要你，而是你自身表现出了一种懦弱，自己在身上贴上了“好欺负”“老实人”的标签，狡猾的人肯定会免费利用你。

一旦麻烦找上门，又想去逃避，开始变得胆怯，是无法解决问题的。等你沮丧地哭完，等你把情绪发泄完，一切还是照常。所以想要解决一件事情就要根治它的前因，断了它的后果，别老想着逃避。

学会适当的拒绝是职场的救生丸，表现出坚定的态度后，别人欲要利用的名单中也会减掉你。

太懦弱，遇到诡计多端的人就会吃亏，不要把自己的弱势表现在外。

有些人总爱故意利用别人的软弱，而你要做的就是对这种人冷酷起来。

2

虽然社会偏爱老实人，却也有人爱欺负老实人。

说到老实巴交，又让我想起朋友中的一个老好人。

他从上学期间就表现出了弱势，在抢计算机上课的年代里，从来没能成功抢占到一次座位，每次都是顾虑太多，觉得操作不对会被别人指责，还害怕因为有计算机而被老师抽问知识。

他每次吃饭总是要考虑食堂阿姨会不会说他几句，怕操作饭卡会出错，以致吃饭都要排到最后，有时饭都吃不上。我还偶然地看到他被人故意喷了一裤子泥水，却不敢反击。

总有不懂事的同学会欺负他，他最终受不了压力选择转学逃避。

人是因为害怕带来负面影响，又害怕受到攻击，才逐步向懦弱靠近的。最终懦弱变成一种性格，开始与你形影不离。

这世界并不是简单平凡就能过好一生，别怕输不起，也不要怕做不好，人活着没有必要追求完美，世上没有太完美的事，只有不断去弥补残缺，才会越来越美。

想要变得勇敢，就要先迈出第一步，抛弃恐慌的心，毕竟自始至终都是自己本性在做怪。

生活中别戴着圣母光环看世界，别毫无防备地对待别人，有些人未必真诚对你。

别把生活过得太小心翼翼，过多的担忧就是为自己挖了座坟墓，总有一天你会输给自己。

不是别人太强势，而是自己太懦弱，把懦弱的标签心甘情愿地贴在身上，是提早向敌人投降的表示。

别为了讨好别人而抛弃防御的盔甲，否则容易被人刺伤。

你不想进步，那就放心偷懒

大概懒惰的人从来没想过，要努力把自己改变成什么样子。

1

昨晚收到 lady 发来的微信，挺震撼的，他竟然身在巴黎旅游，吃着西餐，身上穿着的都是名牌。他的变化之大，是我始料未及的。

看着让人目酣神醉的风景，我内心疑惑不已，lady 的公司是家私企，以往 lady 都会吐槽公司抠门，可看现在的样子倒像是公司在组织旅游。我看着 lady 那张笑得怡然自得的脸，喜悦程度不言自明，看来是真的在享受旅行了。后来 lady 发来一段语音给我，他说人年轻的时候就该经常旅游，不能让自己活得太累。

后来，lady 才说这一场豪华的旅行花的都是自己的积蓄，现在自己已经身无分文了，以后可要完全依靠我了，而他此次出去潇洒的原因竟是被辞退了。

一年前我刚认识 lady 的时候，他还是个有干劲的年轻小伙子。

lady因为没有什么技术，所以一直待在客服部门帮忙，有时候就是帮人拿一下快递，一天都没什么事做。熟悉了工作流程的lady开始不务正业，上班时间玩手机，利用工作电脑玩游戏。他曾有一次被经理抓住过，但也没有痛改前非，反而变得更胆大妄为，时常在工作时间去其他部门闲逛。

lady曾经告诉我，自己什么都不想干，这种躺着就能赚钱的活儿太适合自己了。在lady的日常中，他几乎从不会主动学习，一天到晚都是碰撞酒杯，一杯酒下肚才觉得痛快。

这次lady成了无业游民，我挺担心他终日无所事事的样子。

lady说，既然没有什么大理想，那何必让自己痛苦下去？不如好好享受时光，人生能有几个潇洒的日子允许你肆意？

后来我就在想，一个人不想进步，那就放心偷懒吧！反正你早就是被抛弃的人，何必伪装出一副很忙的样子使自己劳累。

自己不重视自己，谁也不会重视你，当你选择随波逐流，即便才华横溢，世界也会放弃你。毕竟生活如此现实，它不会宠爱任何一个不求上进的人。

2

一年前，我和一位好朋友出去吃饭。他说，这几天太忙了，忙得我连上兴趣班的时间都没了。

我听后，心生疑惑，他平日里也并非是个努力上进的人，为何如今却声称自己很忙？那顿饭我一直在想这件事，后来那位朋友接了一个电话说是要赶回去开会，还说自己每天都安排得满满的，几乎没有任何精力再做其他事。

事实上，我所认识的他并不是一个真正很忙的人，而且他只是一名私企老板的司机，为何还准备开会？这些事本不属于他的工作范畴。

后来我也逛了一会儿就回到家，点开朋友圈却意外发现他竟发了一张游戏获胜的图，配文还写道，次次都是胜者，实在是受不了。

我随意点了个赞，觉得这可能就是他开会回来所做的事，可刚点完赞他就找到我说，想不想“入坑”？这款游戏真的震撼人心。我发了个微笑的表情，后来他又讲道，这游戏很好玩，画面也震撼。

我恍然大悟，原来他所谓的过得充实就是玩游戏，大概开会就是准备组团打塔。我还问他做这些事难道真的有乐趣吗？他说自己日常也没什么工作，老板也时常出差，所以空闲的时间挺多，玩个游戏消遣一下就行。

在这位朋友眼中，他所做的工作并不需要进步，只要认真诚恳地去开车便是，既然没有进步的空间，还不如过得潇洒一些。

一个人甘心不再奋斗，就会说一些冠冕堂皇的理由来解释自己的懒惰。当你选择不再进步的那刻，请放心偷懒，别用一堆借口掩盖懒惰，还非要贴上你很忙的标签，其实不过是找寻心理上的慰藉而已。你骗得了自己，却躲不过别人的眼睛。

大概懒惰的人从来没想过，要努力把自己改变成什么样子，他们只愿停留在现阶段消遣时光。那就放心偷懒，既然连自己都想放弃努力，谁也拯救不了你。

3

虽然并不是付出就能收获满满，但甘愿放弃就会使自己平庸堕落。

一个人不想进步，就像是不会再帮忙耕种的黄牛，只能等待着被人残杀。所以眼睛别只看到短暂的快乐，真正的生活总是先波涛汹涌而后风平浪静，或者相反。

这世界上形形色色的人有着不同的追求，但凡一个人甘于堕落，便多说无益，还不如劝他好好偷懒，毕竟即便是甘于堕落也要面对生活的劳累，所以别让自己一事无成的时候还要活得疲惫不堪，人总要留一条后路给自己。有想法的人从不缺乏上进心，因为他们在乎自己未来是否完美。

大概不想进步，只是为自己的懒惰找寻的一个借口，就是因为懒得去干，懒得去想才不愿意计划未来，其实人生翻来覆去就那么几件事，说透彻了也就过得容易了。

若是一个人甘愿浑浑噩噩下去，那就放心偷懒，别让自己丢失了人生追求，也享受不了生活上的幸福，毕竟一个人活着先要学会爱自己，即便是没有什么高尚的追求，那也要精彩一番。

但是我想，当下的享受并不代表你以后也是顺风顺水的，一个人活着的最大意义不是享受，而是看着自己通过努力干好一件事。我们活在这宇宙里，找到存在的意义才是最有价值的，别虚度时光，否则一辈子都是一无是处的人。

不想进步，谁也管不了你，若是你甘愿堕落，平庸无奇，那就放心偷懒，毕竟你早就已经被放弃。

第六章

走自己的路，不要东张西望

若想出众，岂能从众

你用逢场作戏的方式为虚假情意干杯，还不如活出自己。

1

说到这个话题，大部分人表示，不合群怎么去找寻机会？可是你若是真有能力，总有人不请自来。

一个相识许久的朋友，突然连夜发声说要退出虚假情意的圈子，据说这是她第二十次发泄。

她之前是个挺内向的女孩，家中人觉得女生内向了就容易吃亏，所以每次都劝她要多开口说话，多出门见人。但家人无论怎么规劝都没有成效。直到她上大学，遇到的舍友都是喜爱热闹的人，于是她每天都活跃在这个圈子中，每天打牌、玩电脑，日子过得挺逍遥。因此性格也有所变化，甚至连她家人都觉得不可思议。

但临近毕业时，事情也就来了，这宿舍的八个人很要好。混得好的也有，混得差的也有，而她竟然沦落到差的队伍中，她这才后悔起当初跟着一群人堕落，分不清方向的日子。

她工作以后，又跟随另一群人随波逐流，把曾养成的个性棱角都抹掉，似乎连灵魂都被精心改变，成了圈子中核心的人物。她经常陪同客户喝酒，约同事去泡吧，在孤独的日子里寻求热闹，拥抱人群。她害怕无聊，就随着一群人寻找刺激，越活越忘记当初自己想要的生活。

每个人都会害怕孤独，厌烦无聊的生活，在这种上班下班买菜做饭的日子中循环久了，也容易让一个人无所适从。

但是，做人一旦甘于平庸就是失败。

当你觉得生活百无聊赖时，突然出现了莫名的空虚和孤独，这仅仅证明你没能安排好时间，闲着没事就想要找到慰藉感，随后开始随波逐流，逐渐从众。

当你遭受到孤独的袭击，忍耐不住内心那股想要与人交往的冲动，想徘徊在灯红酒绿的小酒馆寻求解脱，想要找人宣泄，并且寻找各种能寻欢作乐的事物时，你的内心已经找不到和外界正确相处的方式了。

不要试图用从众的方式摆脱孤独，那样你会逐渐失去生活的主动权。

2

最近听了村上春树的故事。

他是个挺害怕社交的人，不喜欢和人相处，所以这几年总是用跑步的方式进入街道。但即便如此他也不会受到外界的世俗吸引，还是大隐于市，并在独处的时光中创作了多部优秀作品。

不去从众的人往往不会真寂寞，他们有着自己想要做的事情，体验着另一种人生，内心的坦荡从容让他们窥视世人的时候，更容易看透人性。

但很多人还是终日哀叹生活无聊，所以他们在年轻时就让自己“死”在了寂寞的路上。

往往有所追求的人，从不会允许自己从众，他们有自己想要完成的事，总把日常生活安排得异常充实。虽然外界听不到他们内心的苦闷，难过的时候也没有人安慰，但熬过了艰难时光的人，活出自己想要的样子，也就一鸣惊人了。

我想真正有想法的人不会刻意去迎合他人，失去自己本身的样子。

可是如今涉世未深的学生却过早融入社会，一旦有了喜怒哀乐非要告知“全世界”，害怕自己孤单，就想要找个同伴。

从众是一种无能为力时的妥协方式，但从众终会使你越陷越深而无法自拔。

有时候我们过得就是如此，宁可颓废也不愿寂寞，即便是和一群人敷衍地交往，也愿意自欺欺人地以为那就是自己想要的生活。

3

前几天，有个朋友讲起自己发行漫画书的经历。

他是专业美术学院毕业，曾经也是一位优等生，画作连续 4 年都曾得过奖。而且在他念大二的时候就能用自己的画作赚钱，几乎生活费都不需要依靠家里。那会儿大家都以为他可能会成为著名的画家，可谁知道他毕业后选择去到了文化公司做设计师。在那段时期他除了跟随公司其他设计师到全国各地找寻灵感，就是泡在酒吧里解闷。因为工作压力大，他这样一个刚毕业的人，根本分不清这是不是自己想要的生活。

也许跟工作性质有关，他也学着时髦的设计师开始打耳洞、文身，后来还被人拉去玩老虎机，导致他很长一段时间都沉迷在这种日子里。最愚蠢的是，他自认为这就是一名设计师该有的生活。

半年后，总监发现他不对劲儿，认为他工作没有一点上进心，就找到他想问个清楚。于是他把自己在这个圈子里的生活，对各方面的理解都说了一遍。总监就问他，还清楚自己想要的是什么吗？

这次谈话使他彻底醒悟过来，觉得自己真的是堕落了，原本是一个高校毕业的人，却沦落到整天过喝酒耍酷的日子，简直就是浪费了学识。

后来总监帮他联系了另一家文化公司，安排他去做画海报的工作，而后他幸运地出版了自己的漫画书。

每个人，一旦在圈子里过分放纵自己，就会沦为颓废的人。一个圈子过于庸俗，不仅不会磨炼人，还能拖人下水。

想要从人群中脱颖而出，先给自己制订一个充实的计划，这样才能有机会成就你自己。

若想出众，岂能从众？随波逐流的人是永远没有特色的。

4

通常，独来独往就容易遭到排挤，甚至猜忌，有人还会以带有偏见的目光审视你，越来越多的人责备你不合群，不与人交流，使你也养成一种用世俗观念看别人的习惯。

但很多出众的人并非生活中爱热闹的路人甲，更多的是那些特行独立的人，因为他们做自己想要的事业，经过了磨难，总会有凤凰涅槃的一天。

别因为一时的寂寞选择从众，当你看透人生才明白，那些你没能珍惜的都不会在你的世界里重新来过。做一个桀骜不驯、特立独行的人，给自己一个能够出众的理由。

毕竟这世界很残酷，人生的选择只有两种，出众和出局，你必须择其一。想要出众就要按照自己的节奏，向着想要的样子发展，活出自我。

千万别因孤独而无所适从，就一心想要从众，那样的自己不仅会失去自主能力，还会沦为平庸的人。

我们想要的圈子是适合自己发展的圈子，并非是无所事事的人聚会的地方。

无论你做什么，活出自己尤为重要。人生这条路，你之前做了什么选择，都会决定以后你生活的样子。

无论如何，都要嫁给爱情

能嫁给最爱的人，找到不凑合的婚姻，的确很难。

1

有次同学聚会，有个女同学带着心目中的白马王子见我们。那男人虽然外形条件好，但有个坏毛病，喜欢对着其他在座的女同学挑眉毛，主动搭讪聊天，置自己女友于不顾，这使得那个女同学有些尴尬。

最可怕的是，他主动索要在座女生的联系方式，然后就一直在玩手机，女友跟他说话，他也是敷衍了事。

果不其然，第二天就有女生爆料那男人晚上骚扰自己，打来电话说着暧昧的话，肉麻到让人恶心。女同学被告知这事后，却没有什么反应，反而给那个男人找借口说他喝多了。

恋爱期间的女人总是会被爱情冲昏头脑，总会为自己的男人找理由，想要用自己的方式去包庇他，却不知不觉中形成了脆弱的洞口，会被钻空子。

交往三个月后两人迅速结婚，原本同学规划好的结婚活动项目都被那个男人取消了，他嫌弃太贵，婚礼也很寒酸，理由是要攒钱生活。

爱情虽然并不是靠金钱维持的，但要有心地让对方感受到爱。

结婚半年后两人感情就出现了问题。那时候她已经怀孕，丈夫婚内出轨被当场抓住。虽然他承认了错误，但却接二连三地出轨，两人终究没能走到最后。

爱情是两个人的事情，一旦一方不认真对待，那也不用再继续下去，即便结了婚，也是不幸福的。爱你的人，他看你温和，你看他亲切，而不是对你冷淡如水、形同路人。

谈情说爱一定要充分了解对方的品性，婚姻更是一个需要慎重的问题，它往往会改变你的一生。

2

到了某个年纪，遇到自己喜欢的人也是件好事。毕竟一座城市的人很多，一次擦肩而过就代表一种缘分。

但几千万的人口中，你拥挤在这个城市的角落，想要找到真爱一定是件困难事。许多人秉承着家族的传统思想，找了个说得上话的人也就凑合了，也有些人始终寻寻觅觅，在找寻着自己的爱情。

我考虑过这样一个问题，有许多人和同学结婚了，也有许多人是和朋友的朋友结婚了，那么我们所寻找的那个人一直锁定在一个小范围的圈子里。

每一段爱情都是因为了解才能走到一起，但结婚却不代表就是真的嫁给了爱情，或者你只是过于疲惫，觉得年纪到了就选择了一个合适的人生活在一起。

那些向往恋爱自由的人，背起背包奔波在其他城市里，和别人交往过又分手，经过几次尝试才决心找个人生活一辈子再也不分离。

也有许多人一直在挑剔，总想要找个足够好的人，总把对方想象成心目中最想要的样子，最后却找不到真正的幸福。

3

我以前想，离婚，是不是很可怕？

一对朝夕相处的爱人最后撕破脸的样子很可怕，因为太熟悉彼此了，刀刀见血，仿佛有不共戴天的仇恨。因为各说各有理，我们永远看不到真相。

其实，现在想想，更可怕的是明知不合适反而凑合在一起。

结婚愈久，我越不会轻易劝一对热恋的情侣结婚，因为，婚姻是一件很慎重的事，会改变人一生的轨迹。

我们大多数人眼里的爱情到底是什么？好像没有一个确切的答案，但是说起跟一个喜欢的人生活，我们每一个人心中都会向往。经过一段相互渗透的生活，小两口往后就会被别人赞一声：你俩真有夫妻相。

真的是天生的夫妻相吗？

恐怕不是吧！那是在残酷的生活里，彼此隐忍成全和包容的结果，来时路全是风风雨雨。

小龙虾好吃，那是麻辣的功劳；火锅全靠蘸料来撑场面；鱼头的鲜嫩滋味，是剁椒的成就。婚姻一场，大家分工不同，总要互相默默成全。你说能做出满桌子好吃的，是因为食材新鲜吗？恐怕不只吧，主要还是取决于做饭人的用心。哪怕是最普通的食材，仍能做出独特的味道，那也是对待婚姻的态度。

别老试探他爱不爱你，人性经不起考验，就像你拿石头去验证鸡蛋的坚硬，得到的结果呢？他经得起考验，你会觉得，是不是考验不够，于是考验升级，最后，你猜疑，他烦躁，总有闹崩的一天。

等到分崩离析的那天，你还会想，你看，他就是不可靠。

可是有时候，感情就是很脆弱，我捧你时你是一个玻璃杯子，我放手时你是一地玻璃碴子。

生活如果可以打一个补丁继续的话，谁也不愿走到离婚这一步。

因为，没人想花那么长的时间推翻自己的过往，在自己的履历上贴一个离婚的标签。曾经那么鲜活地活着，那婚礼的誓言还有温度呢，仍有好多的计划还在日程里。我们不想轻易在明天的生活里丢掉自己最喜欢的那个人。

当然，也有例外。

有的人心定不下来，总觉得明天的生活里，有更合适的人，那才是今生挚爱。

4

我认识一个姑娘，她喜欢上一个有妇之夫。两个人纠缠了几年，男人答应她会离婚。她觉得真爱本来就如此，年轻嘛，劝什么都没用，必须自己去经历，头撞了南墙，摸到血就回头了。

后来，男人离婚了，找那个姑娘，说，我离婚了。

姑娘面无表情地回答，哦，我已经结婚了。

很多人结婚后，仍不明白一件事，我们可以停靠的码头很多，但是，船上能陪你去远方的人，只有一个。好多人那股喜欢劲儿上来，看到谁都像今生挚爱，等那股劲儿消退，每一场爱都是一场宿醉。从前爱得最深的那个人，并不一定会出现在你的婚礼上，这很正常。

仔细想想，其实爱里的很多事都很微妙。

那个最重要的人，到分开才发现连张合影都没有。那个最想吃的店，想起来去的时候发现已经关门了。我们总觉得有机会，但其实一晃就是好些年。人总要学会在深夜跟往事和解，晚安即释怀。

如果离婚，那么祝你前程似锦，如果在一起，那么白头共度余生。

城市很大，每一个人的那道恋爱算术题，答案都不一样。能感受到别人的感受，这便是一种爱的能力。这种能力叫作共情。被爱的感觉，就是被看见，被关注，被感受，被懂得。彼此的心能够在一起，这样才是爱人，才是亲人。否则没有灵魂交汇，只是摆在一起，那跟家里的两个家具有什么区别?

爱情，一旦过了保质期，随时都面临变质。

你以为那是爱情，其实是镜花水月，梦幻泡影，回归生活还要被现实迎头一击。你以为那是合适，其实云卷云舒，花谢花开，患难才能见真情。

那些口口声声说着适合的人，不是不想继续寻找爱情，而是多年后也学会了迁就。

爱你还是不爱你，就在于你的心，他是否愿意看见。

一个人有没有教养，看看细节就知道

生活中的细节，都在反映一个人的素养。举手投足间，一个人的道德修养也会暴露出来。无论对自己还是对别人，一定要真诚以待，毕竟没了教养，就等于有了失败的人生。

1

朋友中有位非常讲究的人，他的信誉度很高，从事着保险行业，业绩一直很突出。

不是他能力强，而是人品好，待人也和善。

他的交往原则就是以礼待人，平日里只要跟对方约定好时间，他从不会迟到，他说两个人约定好的事情，要是做不到就是对一个人的不尊敬。

而且客户都很欣赏他待人的态度，几乎只要别人在谈话，他就不会刻意打断，直到听完对方的一番阐述，才会发表自己的意见。在别人讲话的时候他也不会表现出一副无所谓的态度，总会集中精力听完情况，所以这也是他十分了解客户基本情况的原因。

他业绩突出，也从来没有骄傲过，在待人接物方面都是心平气和的。自己手下管理的人，只要意见不合就会起争执，而他从来不去大声呵斥下属，在意见不合的时候，都是摆出事实讲道理。

但是也因为他脾气好，总有些人故意找碴儿，他虽然心里生气，却也不会和人较真。

在一次早会上，由于上头刚刚研发了一款新产品，分区经理就担负起了培训新人的责任。可这个经理也是个纸老虎，自己并没有多少经验，在口若悬河遭到下属质疑时，他留意观察到我朋友一直坐着沉默不语。

眼看着大家在起哄，经理早早地结束了会议，唯独留下了朋友。他当时还懵懂不知情况，经理就问他怎么会表现得如此淡定，他就说，虽然自己心里也有疑问，但那种混乱的场合，说再多也没有用，他只是想等到会议结束后单独找经理说明情况。

那个时候经理就对他刮目相看，后来经理辞职了，还推荐他当了新经理。

他即便是成了经理，也没有骄傲过，对新人更不会刻意地去展现自己的能力。

我和他见过一面，是找他帮我看合约，那天我请他吃饭，被他的一些举动所折服。

在点餐完成后，只要服务员一上菜他就会微笑着和对方说谢谢。原本我还以为这是职业素养，可没想到他做的任何细节都充分展现了他的修养。

吃完饭剩下的鱼骨头他会丢进餐盘里，卫生纸用完也会一同放在餐盘中，还笑着跟我说这样方便服务员收拾。

后来离开的时候他又冲着对我们说“欢迎再来”的服务员微笑点头。那一个个细节都在深深地触动着我，让我对自己的行为感到惭愧。

任何行动都像是张明信片，别人对你的认知都来源于细节。

2

对父母的耐心，对别人的尊敬，都展现着一个人的教养。

可总有些人喜欢做自私自利的事情，拍过的照片只顾着修自己，下雨天将鞋子上的泥巴甩到别人身上，在公共场所吃喝会留垃圾，任何的小事都在暴露着一个人的品行。

所以，很多时候我们交朋友都会先去看细节。毕竟有教养的人从不会给他人带来压力和困扰。

做人不要被提醒、被鞭策了才知道错，要有自觉性，涵养体现出来了，才能受人尊敬。

餐桌上的礼仪、日常生活中的习惯、与人交往的谈吐等，都会放大你真实的样子。

别以为嗓门大就能胜过别人，别以为高冷地对待别人就像是高人一等，其实这一切都是出卖教养的自欺欺人。

人们往往为了利益而自私，人品、素养都被遗忘得很干净，可是每个人的一言一行都代表着自己的品性，做的每一件事都关乎自己的形象，没有教养的人就是给自己丢脸，别因为一时兴起而毁掉了信誉。

细节，不光是能打败你，也能成就你。一个细节可能会促成一桩生意，也可能会让你成功牵手恋爱。

成功与否都是自身原因造成的。

别人是否认可取决于你是否努力，也和你的教养有关。当你给人留下了坏印象，也就别怪别人不认可你。

少点套路，真诚做人，世界不会亏待你，当你待人接物的方式态度变得随和，气质也自然会显得优雅不少。

你那么骄傲，大概是无知吧

太过骄傲自满是快速失败的有效途径。

1

苏格拉底说过，骄傲是无知的产物。

我的一个朋友从小家里就有钱，又长得挺帅，追他的女生能组成一个班，因此导致了他不可一世的性格。他做人挺高傲的，经常狂妄自大，觉得有钱有颜就像是赢得了全世界。

过年期间，他跟我聊起曾经的那段日子，觉得自己真的是恬不知耻，竟然曾经视自己为偶像般地活着，如今结婚生子不照常过着平凡的日子?

其实他挺聪明，课文稍背诵几次就能记住，可是就是不愿意学习，觉得家里有钱什么都能买到。这种思想导致他逐渐颓废，最终学习成绩一塌糊涂。家里花钱送他念了高中，他也没志向再继续深造，于是就草率地结束了学生时代。

步入社会，他那股骄傲的劲头还是没有隐没，这也成了他罪恶的开端。这朋友在谈恋爱期间因为女友移情别恋，就打了情敌，从此档案上就留下污点。从那刻起他才彻底醒悟，意识到自己过于自大，其实他做什么都不行。

朋友嬉笑着讲起自己的过去，他说骄傲过度暴露了一个人的无知，若当初懂得努力，现在也不用蹲在家里种地。

厉害的人有许多，你只不过比周围的人多一点优势而已，并不代表就是厉害。如果你骄傲起来难以自拔，其实只是在凸显自己见识短浅罢了。

骄傲的人是最无知的一种，因为他始终看不到自己真正的样子。

2

骄傲来自浅薄，狂妄出于无知。真正有潜力的人从来都是低调的，只有那些能力低的人才喜欢把优势刻意拿出来显摆。

炫耀考试成绩的人总会让人生厌，可是一到过年总有人要问来问去，还要以此作为发红包的理由。在这个相互攀比的时候，总有些人过分地骄傲着。

前几年我邻居家的两位亲戚就翻了脸，原因很简单，两个人相互比较，谁也不让谁，谁也不想服输，最终打了起来。

事情起因就是一句询问工作的话，其中有个人说自己做了生意，一年净收入 30 万，另一个打工的就沉不住气了，他干脆说自己这辈子就这样了，不过幸亏结了婚，两个人的月收入也过得去，有车有房。这一说另一个人又觉得是要拿他没结婚说事，于是就非要以有钱才有价值为理由来赌气，最后两个人竟大打出手，反目成仇。

总有人喜欢炫耀自夸，并享受这个过程带来的成就感，他们夸张行事，只为成为焦点。他们听不惯别人自夸，否则内心负面的情绪就会像火山般喷涌而出，始终压制不住。

炫耀虽是一种本能，但同时产生的虚荣心会让一个人变得麻木，逐渐活成别人最厌烦的样子。

3

我们所生活的圈子其实更像是食物链，弱者在最低端卑微地活着，强者就越喜欢嚣张地站在弱者面前。

刚毕业时，班里的同学都决定去大城市工作，觉得那样有前途。毕竟年少轻狂的我们都拥有梦想，想要趁着年轻时奋斗一把。但也有个叫小文的同学唱反调，不愿意奔波在外地，觉得在家工作才舒服，于是凭借本科学历当上了车间管理员。

工作的前几日挺有干劲的，经常晒图发自拍，告诉我们工作有多么舒服，简单的管理就能轻松拿到高额的薪水，还故意说我们这群漂流在外的人眼光太高，眼前有肉不吃，却非要吃苍蝇啃过的肉。

当时我们都刚奔赴到各个岗位，很少有人像他那样空闲。但有一天我还在睡熟中，就被微信响来响去的提示音惊醒，拿起手机惊呆了，群中留言 500 多条，大部分的内容都是在安慰小文。

我翻到顶部才得知是小文在诉苦，原来他跟老板 10 岁的女儿争吵了起来。起因是那女孩在车间跑来跑去玩闹，好心的小文怕伤到她就去提醒了几句，却不料女孩回应了一句，这是我家的公司，你一个打工的算什么？她不仅出言顶撞，还叉着腰很嚣张地看着小文。

小文也不是个懦弱的家伙，直接上去就准备抓她头发，那女孩躲避开就指着他痛骂。这一席话差点让小文委屈地哭出来，他觉得当着车间所有人的面，被一个 10 岁的小女孩侮辱简直丢尽脸面，这样一来连自尊都没了，这工作干下去也没多大意义了。

就在小文发消息的过程中，他也提交了辞职书。

其实整件事小文都是个无辜的人，只能怪女孩太过嚣张，觉得有钱就能够任性，这大概就是恃宠而娇的人存有的一种通病。

没有凭能力赚不到的钱，但有钱买不到的人品。

4

富兰克林说："我们各种习气中再没有一种像克服骄傲那么难的了。虽极力藏匿它，克服它，消灭它，但无论如何，它在不知不觉之间，仍会显露。"

如今，大部分人都喜欢高看自己，一学点技能就想方设法在别人面前卖弄，觉得听到别人夸赞的话心里就好受。

但夸赞的话听多了就容易骄傲，会把别人形容的样子当成真实的自己，并以此为荣到处卖弄。所以越是骄傲的人越容易自以为是，觉得自己学识、能力都远远超过别人，其实骄傲就是无知，无知的背后就是愚蠢。

因为一点小成功就欣然自得，沾沾自喜的人，最终都会自食其果。越骄傲，就越容易和成功失之交臂，毕竟一个人自认为优秀了，就容易自负，变得不思进取，最后跳进自己亲手挖掘的陷阱中，毁掉了自己。

人一旦过分骄傲就容易不进则退，但山外有山，人外有人，强者有许多，所以别太把自己当回事儿，你也只不过是在小圈子里有能耐罢了。

骄傲就像个陷阱，跳下去需要被人搭救才有生存希望。过分的骄傲就是无知，如同一把利剑，能够伤害别人也能重伤自己。

你那么骄傲，大概是无知吧！因为骄傲就是无知伪装的外衣。

你所能骗到的人，都是相信你的人

这个世界上最令人心寒的事情莫过于被骗，尤其是被自己相信的人欺骗。

1

“除了你自己，谁也不要相信！”这句话我们再熟悉不过，虽有偏激之处，但也是极为现实的，我认为它完全可以理解为，对人对事都要有所防范。

这世界很大，能遇到就是缘分，所以别利用别人对你的善良，反而愚弄起别人，否则你失去的不是一个朋友，而是一辈子的名誉。

最近刷微博看到一条内容，说是 16 岁的休学女生诈骗了 10 多万元。看到标题挺惊讶，一个年纪轻轻的女生竟然能够骗到如此多的钱，那被骗的人防御能力也太差了。

之后翻了一下别人整理过的资料，里面故事竟是：女生所欺骗的都是互相熟悉的同学，作案手段极为高明，用三言两语就能引导别人砸钱。我想被骗者之所以没有任何警惕，大概是出于对她的信任才会决定投资的，但万万没想到这是个骗局。那个女生拿了钱就一走了之，被骗钱的 30 余人才搞清楚实情。

在微博下的几条评论里，也有被骗钱的人的留言，说若不是同学岂能相信。也有骂被骗的人愚蠢的，说他们明知女生已经退学还对她这么信任。

但事情无论怎么发展，最终的结果都是女生骗了同学，从此友谊也不复存在。

从被骗者的角度出发，大部分人遭到欺骗都是太过信任他人，被几句话搞得头脑发热，乖巧地让骗子得逞；从欺骗者的角度出发，则是利用心理战术，让对方对自己产生一种信赖和好感，方便自己的作案。

但无论是用了什么手段行骗，欺骗者都是利用了彼此间的信任。而信任就好比人的一张脸，当你信誉度都没了，别人自然会远离你。

多少人从未在你面前建立防御的城墙，你却主动进攻并且占领其主城。你失去的不仅仅是别人对你的好感，还有自身的名誉。

连名誉都不要的人，也不值得被尊重。

2

多少次听说，卖东西的人专门坑熟人。起初我是持怀疑态度的，但前几天就听到同事李子抱怨他最近被朋友坑了。

听说李子是在朋友家买了台电脑，对方口口声声说帮他省钱，但李子在网上查询了一下发现别人的价格低于自己的成交价。而且最让人不满的是，电脑音箱竟然没用多久就烧坏了，劣质的主机箱甚至能听到里面螺丝钉响的声音。得知是劣质电脑产品，李子一肚子火。

忍无可忍的李子马上搬着电脑去理论了，没想到被他朋友几句话堵了回来。

朋友倒是答应维修，但后来电脑送回来，没用几天又出了毛病，气得李子刷卡去其他店铺另购了一台。

好多人都说，做生意先从朋友下手，可掺杂了利益的友情，终会随着露出的破绽而破碎。

不要因为一时的贪念伤了朋友的心，也不要因为想赚钱而去欺骗朋友。

你行骗一时的痛快，终是躲不过日后的报应。

3

在感情方面，两个人之所以能在一起就是因为相互信任，有了磨合才有了好感，可感情却又是最容易发生欺骗的。

之前收到读者的一条私信，她说自己学着网上的做法用微信小号跟男友聊天，以测试其忠诚度，却不料男友轻而易举地就上钩了。

虽然我并不赞同用微信小号测试伴侣忠诚度的方法，但也对男方轻易上钩的行为感到厌恶。那读者发来的几张聊天记录截屏中，充斥着男人暧昧的情话，句句都能博人好感，那男人显然是情场高手。

读者问我是不是该继续这场恋爱，毕竟男友也没有做什么其他出格的事。我对她说，既然他能有一次，那之后会更加胆大妄为。

有个爱你的人真的不容易，当对方为你付出真心时，请别用自己的套路欺骗对方，任何感情有了套路都不真诚。

要欺骗一个爱你的人很容易，但是要挽回一个人的心却是难上加难。别以为欺骗总是能瞒天过海，其实任何欺骗都是有破绽的，即便是伪装得再完美，也总会有原形毕露的一天。

4

熟人作案似乎更容易得手，毕竟对于一个熟人，我们会用放松的心接纳一切，即便对方提着匕首我们也不会认为他准备行刺。

这几年，我不但听闻过因为对熟人太信赖而吃亏的事例，而且这种事也曾发生在自己身上。

我的一个发小认识了一个网友，两人有着共同语言，每天都要互相问候才得以安心。可是有一日这网友竟然提出要来看他，发小没有防范意识，听了对方一顿唠叨，于是给他转账500元作为住宿费，可后来对方就消失得无影无踪了，这件事让发小垂头丧气了挺长一段时间。

前几年，朋友家里的工厂招了一批外地打工的人，其中有个人非常出色，工厂领导就对他格外上心，觉得作为重要人员一定不能亏待，后来这人利用这种信任预支了半年工资，最后逃之夭夭了。

我也曾因相信别人，而被骗得身无分文，然后才懂得原来世界上还有这么坏的人，于是便开始讨厌被欺骗，且难以容忍。

太善良会被利用和欺骗，所以善良是需要锋芒的，否则总有无法无天的人利用感情去骗人。

5

越来越多的欺骗，让我们过得恐慌起来，以致我们总害怕相信人，担忧别人说出的下句话就是谎话。

遭受过太多的套路，以致我们对任何人都有了一定的防范心，即便是遇到路上行乞者也不愿意掏出钱来施舍。因为太多伪装出的行乞者，搞得我们眼花缭乱，已经分不清真假。

在人世间，宝贵的还是真情，所以善良和真诚都是不该被愚弄的。能遇到几个真正相信你的人实属不易，请珍惜这种人，别利用他们对你的信任行骗。

无论是爱情还是友情，若是靠谎话才能周全，那人生还有什么意义？之所以有人选择相信，是因为在乎，能敞开心扉，才会袒露软肋。可别把别人当白痴，利用自己如刀般的谎话狠狠捅对方心脏一下。

做好人太难，世界也许会辜负我们，善良难免遭到坏人戏弄，但做坏人迟早臭名远扬，就像过街老鼠人见人打。选择善意和恶意就在一念间，所以抱有恶意的时候，请先让自己冷静下来。

毕竟，你真正能够欺骗到的人，都是相信你的人。简言之，你骗到的可能是金钱，伤害的却是一颗真心。

别总指望依靠别人，人生还是要靠自己

社会很现实，别抱有走捷径的幻想，也别总指望别人会成就你的辉煌。

1

一个朋友告诉我：他曾是个不求上进，一心想要靠关系过完此生的人。在他去上大学时，亲戚朋友都前来祝贺，还很肯定地告诉他，有事尽管说，只要开口就在所不辞。

也就因为这些话，导致他总认为自己很厉害。

读完大学后，面临着找工作的烦恼，他父母也没有什么人脉，希望都寄托在亲戚身上，打了电话过去，好几个人回应都很快，说是一定会帮忙。

可等了许久，来电介绍的工作都是打工的活儿，有本事的那些人就成了哑巴，按捺不住的朋友再次主动联系了亲戚，可人家找各种理由拒绝了他的请求。

一听这话他就清楚了，没再指望别人会帮自己。原本还认为家里亲戚人脉多，也有点威望，什么事都好解决，可是人家根本

就没有想要帮助你的意思。

人难免是有私欲的，往往对自己有好处的事情才愿意插手，跟自己没有一点关系的事就会置之不理。

毕竟，谁都不愿往自己身上揽活，更不愿为了没有利益的事情挺身而出。

2

虽说并不是所有亲戚朋友都靠不住，但有些时候即使有人愿意伸手搭救，剩下的路也还是需要你一人去走。别总想靠别人生活，谁都没法帮你走完这一生。

我的一个高中同学从某地方美术学院毕业，一回来就庆祝自己即将拥有的生活。他微信通知我的时候，清楚地写着要去上海某工作室做插画师，见他拥有了梦寐以求的工作，我也很为他开心。

庆祝的那天，同学大张旗鼓地声称自己是走后门找的工作，我当时还以为他喝多了，变得有些耿直，涉及隐私的事情还敢说出来。

但后来他的一番话让我记忆深刻，同学讲述自己求亲戚的事，说是费了九牛二虎之力才说服工作室收他，开的工资也相当高，没有实习期，所有的条件都很诱人。可是同学又表示，当时亲戚也曾告诉他，既然找了关系来工作，就一定要干出个样子，以后还是要靠自己的成绩说话。

当时举着酒杯的他就开玩笑说，都求人帮着找工作了，也不能什么事都让人管，以后还是得靠自己，就像看电影，买了票也不会有人抬你到座位上。既然有人指导你走上了光明大道，还是要靠自己的真才实干做出一番成就。

有时我们遇到了贵人扶持，便会心存侥幸，可别人却不能一直陪下去，别人给了一条路但向前走的还是自己。

很多人总喜欢幻想，只要有人帮忙，什么都能得到，可是即便你在别人帮助下拥有了让人仰慕的身份，没有能力的话还是会被人超越。

有人欣赏你，并给了你宝贵的机会，就要去珍惜，别浪费了别人的一番好意，也别指望人生一路都有人扶持你成就辉煌，成败还是靠自己的能力。

对别人依靠太多，就会失去自我依靠的能力，越是喜欢依靠别人，便会活得越发没用。

3

漫长人生路，谁都有苦衷，你的苦谁会帮你解脱?

也许你觉得有朋友就胜过一切，有亲人就等于有了一生的依靠，但他们真的靠得住吗?多少朋友在你的生活中来了又走，多少人为了利益在接近你，剩下的只有知己而已，而亲人自己也要生活，不会把心思都花费在你身上，况且即便对方尽全力助你一臂之力，也不能保证让你过上完美的生活。

有些路还是要自己一人走，靠谁都不如靠自己，即便我们的朋友再多，亲人再有权力，那都是别人的，他们不会帮你太多，想要的只能靠自己奋力争取。

每个人都在为了生活而努力，你想要得到帮助，首先问问自己有什么值得别人去帮助的。

当我们已不再是未成年人，请自觉养成一种独立的习惯。我们四处请求别人，还不如多想想如何改变自己。这社会不是所有人都愿意平白无故地帮助你，本来生活就很公平，你付出多少自然收获多少，你在别人身上付出过，别人才会心甘情愿回报你。

当我们在苦苦纠结没有贵人相助的时候，别抱怨，人生的一切还是要靠自己完成，唯独自己才能解救陷入困境中的自己。

靠自己并不会快速让自己物质上变得富有，但只要付出过，总有一天会在人生长河上绽放绚丽光芒。

你的脸反映着你生活的样子

容颜会受环境影响而改变。即便长得再好看，愁眉苦脸起来也让人看着不顺眼；即便长得再难看，喜笑颜开起来也会让人觉得好看。

1

今天看到治治在朋友圈发了多张“难看”的自拍照片，被他霸屏后我们不停地埋怨。

后来治治给我发来一条语言，说他是不是长得很难看，为什么相亲都被人拒绝了。而他发照片仅仅是为了引起讨论，就想听听大家的意见。

在我的眼里治治除去身高不太高，脸稍有点大外，五官容貌很好，还算是个帅哥。可是之前笑起来如朗月入怀，赏心悦目的他，如今却黑眼圈明显，看上去气色也不太好，而且还爆痘。

在我眼中治治不是容易长痘痘的人，吓得我又赶紧问，是不是最近熬夜了？他的回答不出所料，然后问我是怎么发现他熬夜的。

我告诉他，黑眼圈严重再加上有痘痘，很可能是因为身体器官无法休息，过度疲惫导致。后来我顺便补充了句，你这个样子去相亲，会被痘痘抢尽风头。

很多时候，简单的外表就在反映着生活的样子。一个人的气场什么样，生活就是什么样。脸上显得容光满面、春风得意，生活中也是过得幸福的。

若我们愁眉苦脸或用一副蜡黄脸去面对别人，又怎么能得到别人的喜欢呢？

一个人外表惬意，看的人也会舒适；一个人面带忧愁，看的人也会闹心。

一个人面色枯槁，一副无精打采的样子，可能是因生活压迫而沧桑；一个人面色红润、满面光彩，看上去就精神抖擞，生活中肯定幸福美满。

2

生活中，有多少人、多少事，都在影响着别人的心情。

多少人的样子随着心情改变，一旦深陷在困难中，无力摆脱时，连样子都变得萎靡不振，总是一副看上去就会让人心烦意乱的样子，所以生活过得好不好，看看脸就知道。

我们看过太多的电视剧，其中有一个特别明显的套路，往往导演要将人物表现得生活落魄，受到了困难阻扰时，通常演员会被化妆师打扮成一副懒散的样子，头发披散着，无精打采，一眼看去就明白肯定是遇到了烦心事。

一次在饭店吃饭，我旁边坐着一个秃顶、眼角稍有些褶皱的

“大叔”。但是一聊起来才发现对方不过三十多岁，他见到我后就一直在感叹，年轻真好，想闯荡的时候有能力闯荡。

深入聊天后，他就说起自己的故事，自认为太愚蠢走了老一辈人的路，从小就给人打工，如今还是没混出个名堂，还要为家庭疲于奔命，担心长辈生病，怕小孩吃不好，跟老婆要维持好关系，为了生活还要想方设法赚钱。

他说如今自己格外后悔，本以为能轻松干到退休的年龄，到老就能享受生活，可过程是让人劳累的，生活的磨难总是一次次前来摧残。

虽说每个人的生活肯定都不太顺利，总有疲惫的时候，但一个人能在有精力的时候冲刺一下，未来的生活也会减轻点负担。可是一个人要是从一开始就追求碌碌无为，等到有朝一日遭受大风大浪，肯定会承受不住压力，物质生活跟不上了，现实中的遭遇也就通过脸变得显而易见。

脸就是外在的一张海报，不管你是活得疲惫还是过得轻松，脸部总会出卖现状，会将个人的近况真实地展现出来。

生活过得幸福的人，不仅表情带有笑意，连气色都显得红润；生活过得悲惨的人，外表会愁眉苦脸，总也愉快不起来。

3

我有个女同学，高中毕业后没能考上大学就去工作了，可是她的生活过得非常充实。在我们看来她并不算高收入的一个人，但是平日里她总是满面笑容，连不认识的人都会问她，是不是嫁给了一个好老公。

据她自己讲，其实这几年也没谈恋爱，也习惯了单身的生活，只是她认为生活就不能只给自己压力而不去放松，到该休息的时候就休息，在经济能力允许的范围内，买点装饰品把家里装饰一遍，做些自己喜欢的事情，该散心该聚会都要尝试着去计划。

同时她也告诉我们，她每个月也适当地储蓄点钱，遇到用钱的时候也不会忧愁。而且她把自己打扮得光鲜亮丽，有的人甚至会说她长得很像明星。我想大概就有这样的一种人，喜欢把生活过得精致，不会让人觉得邋遢，无论私下还是工作中，都以笑容对待别人。

所以，一个人的脸恰好是反映生活情况的有力证据。当我们站在别人面前时，就像是电视节目一样在展现自己，一个小小的动作，脸上的表情或者样貌，都在诉说着过得好或者不好，自己是不是开心。

真正把生活过得好的人，脸上的表情是无法藏住内心喜悦的，同时生活过得沧桑的人，脸上的皱纹或者憔悴的样子会明显暴露你凄惨的生活。

4

脸部就像是明信片，活得洒脱了自然也就优美，活得凄凉了自然也会难看。

你要相信，很少有人一见面不去打量别人外表的，所以把生活打理得精致点，总会受人瞩目的。

多去关注一下外表状况，生活中的事情也处理得完美些，这样不仅活得好看，连人的长相也会越来越好看。

相由心生，心由事成，生活过得愉快了，气质也就能彰显出来了。

所以，遇到窘迫你也很难掩饰，因为你的脸已出卖了你，已经反映了你生活的样子。

长得好看，过得凄惨也会变得难看；长得难看，过得惬意总会变得让人越看越顺眼。

最怕你碌碌无为，还无知地自欺欺人

其实，大多数人过的都注定是碌碌无为的一生，谁也不想这样，但即便是碌碌无为也别用理由掩饰失败，因为你曾经也努力过，虽败犹荣。

1

每年最后几天，朋友圈里的人就像是要赶赴聚会一样热闹，所有的人都在对这一年的成绩感慨万千，顺便说几句安慰自己的话。

整个画面犹如一场电影，演绎的都是每个人的过去，有让人提心吊胆也有让人为其喜悦的事。

但我的朋友苹果先生却“画风清奇”。他并不抱怨过去，而是细说着自己的毛病。他说自己这一年被手机残害，即便是强制自己睡觉，可躺下时还是一如既往地翻阅朋友圈，有时还故意发个朋友圈说是在努力。他说自己的 Kindle 里书挺多的，但是都是一时兴起购买，之后并未翻阅，却又谎称自己一年读了多少本书，储备了不少知识。他还说曾经安慰自己能在一年中把生活质量提高，不要变得懒惰，却每天都过得浑浑噩噩，与游戏为伴。

像苹果先生这样的人有很多，总有些人明明过得不怎么样却非要显得自己很有本事，虚荣心作怪导致这种人只敢躲避在谎言的世界里，不敢面对真实的生活。像苹果先生这样坦诚的人很少，面对生活压力，大部分人会因惶恐不安而逐渐沦为哗众取宠的人。

没人愿意说自己是平庸之辈，但也别谎称自己过得富裕高贵，能掩饰一时的谎话，终有一日也会被拆穿。

2

有一天中午，我的微信公众号后台收到一名读者的求助留言，说是自己真的活不下去了。

这个人说，自己的生活简直过得一塌糊涂，苦尽了不是甘来而是一无所获。他曾在大学毕业时，信心十足地宣誓要干出一番成就，于是背井离乡选择去往异地，可现实并非如同自己想象的一样顺利。他又害怕家人心疼他在外落魄不堪的经历，所以屡次谎称自己过得十分奢华，并且还借了钱向家里打款，目的就是让父母放心。可他自己早已被现实摧残得无可奈何，如今真的不知该怎么继续下去。

有些苦都是自找麻烦，其实家人并不会嘲笑你无能，欺骗他们的行为反而会让他们伤心。

于是我就告诉他，放下面子，坦诚面对一切。其实为理想而活着的人，都可能经历过颠沛流离或一无所有的时候。可怕的不是此刻的碌碌无为，而是谎称自己过得有多富贵。我们之所以要虚构出另一个自己，还是因为顾虑现实，害怕冷嘲热讽罢了，若一个人要把自己演成英雄，那就会活生生地累死自己。

我身边好多人至今还不是高收入的人，但他们并不会去隐瞒现实欺骗别人，而是会拿自己当下的窘迫来调侃一番。

失败了并不是一生的污点，毕竟有些事仅仅是为了能够成长。碌碌无为的人有很多，不是说付出过就一定会变得荣耀非凡，社会竞争太激烈，总有被迫淘汰出局的人。

原本碌碌无为却要伪装辉煌，是因为这个人陷入迷茫又不肯清醒。

你不仅拥有了失败的历程，而且还背负了自欺欺人的罪名。

3

在《钢铁是怎样炼成的》一书中提到：人最宝贵的是生命，生命对于每个人只有一次，人的一生应该这样度过，当他回忆往事的时候，不会因为虚度年华而悔恨，也不会因为碌碌无为而羞愧。

人这一生，怎么活都是一辈子，等你老了回忆起碌碌无为的日子，可能也会觉得是段传奇的历程，所以一个人曾奋斗过但又碌碌无为了，真的不是羞耻的事。

经过岁月洗礼后，你也许没有精力在自己的世界里再搞一场兵荒马乱的革命，但前尘往事都会被时间揉进你的精神世界，帮你看透尘埃世俗。

我认识的一个同学很让我佩服，他之前做销售失败过，但也并未学着别人盛装扮演成功的人，而是坦白承认自己失败。他即便是面临碌碌无为，还是有份想要东山再起的心。

听说他的生活过得很累，经常陪客户喝酒，甚至凌晨都可能要去机场接客户。他没有助理就自己一人安排行程，做各种计划，有时候打电话聊聊天中途都可能有人打业务电话过来，甚至视频聊天的时候他也是在开车去跑业务的路上。生活中有苦有乐，他最终还是成功了。

人就是该活在现实的生活中，而不是欺骗自己、欺骗他人，以此来显得自己有多么了不起。

什么时候我们不再虚伪地在人群面前表演，敢于放下曾经满身伤疤的过往，才能真正地认清自己，活出自己。

你碌碌无为还非要掩盖事实，只能独守失败后的苍白，而你不着边际地按谎话继续活下去，反而会过得越来越难堪。

不是等着就能解决问题，也不是哭几声就能改变碌碌无为的现状，苦尽甘来的人生是为勇敢者准备的。

你一生不可能一路畅通，所以曾经碌碌无为是人生的常态，怕的是你根本不愿接受，想要糊涂地浑噩下去，那这一生都会注定失败。

4

之前我也曾面临过碌碌无为的生活。

可能最堕落的时候就是整天躺在床上听音乐，偶然清醒过来会给自己一巴掌，但同时身体上没有行动，甘愿沉沦下去。有时吃一包泡面，然后哭着说，太好吃了，这就是幸福的生活。有时站在镜子面前，看着饱经沧桑的一张脸，胡须都密密麻麻地长成了脸部的草原，还非要安慰自己说真好看。可终有一日我一巴掌拍醒了自己，想到人生路漫漫，我不扛住生活的苦难，谁也不会替我熬过艰难。

其实，我们内心深处都藏有野心和追求，但有时感觉到理想和现实相距甚远，便故意把理想隐藏起来，然后碌碌无为地过着一生，还安慰自己平凡可贵，不仅辜负了梦想，还变得彷徨不安。

还有些人经历了沧桑却换来失败，便会因为恐惧而选择躲避，还会利用各种理由隐藏失败的经历。最终只能像大部分人那样，在这世界上悄无声息地离开，可即便离开也是以失败者的身份离开的。

我们拼命地工作，努力改变现状，不都是怕碌碌无为地度过一生吗？

你不愿接受，你说，你不愿看到自己失败后惨不忍睹的落魄样子，但是为了避免失败，你选择了欺骗，其实这只是美化了外表，而失败者的标签还贴在你的身上。

别妄想利用谎言来掩盖失败，其实改变不了的现状终会露出真相。

不害怕别人的冷言冷语，敢于提起碌碌无为的过往，那才是一个人该有的样子。